MINI GUIDE HACHETTE

Cochons d'Inde

Immanuel BIRMELIN • Photographies de Oliver GIEL

hachette NATURE

une petite photo

MON COCHON D'INDE S'APPELLE

Informations concernant mon cochon d'Inde

Date de naissance : *le 12 04/11*   Sexe : *male*

Race : *cochon d'inde à poils lisses*

N° tatouage / puce : *X*

Mes coordonnées

Nom : *memis*

Adresse : *24310 Biras Le Bourg*

Code postal : *24310*   Ville : *périgeux*

N° de téléphone : *06.50.24.84.36*   E-mail : *gastromietta@menis.chaines*

Coordonnées de l'éleveur ou de l'animalerie

Nom :

Adresse :

Code postal :   Ville :

N° de téléphone :   E-mail :

Site Internet :

La race de mon cochon d'Inde

Nom de la race : cochon d'inde à poils lisses

Caractéristiques de la race : _____

_____

Taille prévue à l'âge adulte : _____ Poids : _____

Je l'ai choisi parce que...

○ J'ai lu dans son regard qu'il voulait m'adopter.

○ Il avait l'air en très bonne santé.

☒ C'était le plus mignon.

○ Il était timide et avait besoin de tendresse.

Autre : _____

_____

Sommaire

11 **Des apparences trompeuses**

11 Sur les traces du cochon d'Inde

12 Le comportement des cochons d'Inde

14 Anatomie et sens

16 Qui va avec qui ?

19 La vie quotidienne du cochon d'Inde

21 Conseils d'expert : Le bien-être assuré

25 Reconnaître en un clin d'œil

26 Galerie de portraits

31 **Bienvenue à la maison**

31 Un nid douillet

34 L'univers de vos cochons d'Inde

36 Un parc de loisirs en plein air

39 Une acclimatation en douceur

42 Apprivoiser

44 Relation de confiance

46 La reproduction

50 La famille s'agrandit

59 La bonne tactique – À éviter

53 Le bien-être assuré

53 Une alimentation saine : les besoins du cochon d'Inde

58 Mon cochon d'Inde est-il propre ?

61 L'hygiène : une arme contre les maladies

62 Les maladies

65 Conseils d'expert : Mise en garde

66 Les maux les plus fréquents chez le cochon d'Inde

69 L'activité : le secret de la forme

69 Les cochons d'Inde sont plus malins qu'il n'y paraît

72 Jeux

74 Des promenades toniques

76 Comment protéger vos cochons d'Inde ?

77 Conseils d'expert : la meilleure façon d'apprendre

80 Que faire d'eux pendant les vacances ?

81 Quand ils se font vieux

82 En bref

84 SOS : que faire ?

87 Pharmacie indispensable

88 Carnet de santé de mon cochon d'Inde

90 Ressources utiles

91 Index

Des apparences trompeuses

Le cochon d'Inde passe souvent pour un animal ennuyeux, voire un peu idiot. C'est en fait tout le contraire. Non seulement ce petit rongeur dispose d'un répertoire de comportements étonnant, mais il est aussi curieux et capable d'apprendre si on sait le stimuler correctement.

SUR LES TRACES DU COCHON D'INDE

Le cochon d'Inde est l'animal domestique le plus ancien d'Amérique du Sud. Les Indiens l'avaient déjà domestiqué il y a 4 000 ans. Ce petit animal bien dodu est resté l'un des mets favoris des populations locales. On en trouve sur tous les marchés de village. Son prix, qui dépend du poids et de la qualité de la viande, fait l'objet d'un marchandage bruyant. Au fil des siècles, l'homme a modifié l'apparence extérieure du cochon d'Inde ; il suffit, pour s'en rendre compte, de le comparer à ses cousins sauvages. Le cochon d'Inde sauvage (*Cavia aperea*), ancêtre de notre cochon d'Inde domestique, a survécu. On le trouve toujours dans les régions tempérées d'Amérique du Sud. Il est plus mince et plus petit, et son pelage est uniformément gris foncé. Cette couleur est parfaite pour se camoufler. Associée à sa rapidité, elle permet au cochon d'Inde sauvage de survivre dans une nature impitoyable. Il ne s'active qu'à la tombée du jour et se faufile de terrier en terrier par les sentiers battus. Tout comme le cochon d'Inde domestique, il vit en colonies, généralement dominées par un mâle régnant sur plusieurs femelles. Mais contrairement à lui, il est capable de mordre très fort quand il se sent menacé. Comment cet animal est-il parvenu jusqu'en Europe ? Avec les conquérants espagnols, qui le ramenèrent d'Amérique du Sud au XVIᵉ siècle. On ne sait pas s'il a servi de provisions de viande pour la traversée ou d'animal de compagnie. Ce qui est sûr, c'est qu'il n'a pas été considéré comme une nourriture en Europe. Sa place de petit rongeur préféré des humains, il la doit à son tempérament et à son apparence. Il est pacifique, facile à apprivoiser, il aime les contacts avec les hommes et son élevage ne présente guère de difficultés.

LE COMPORTEMENT DES COCHONS D'INDE

Quand on aime son cochon d'Inde et qu'on veut s'en occuper correctement, mieux vaut avoir une idée du comportement de ces animaux, savoir comment ils communiquent entre eux et connaître la signification de chaque signal. Leur langage corporel et leurs cris leur permettent de faire comprendre clairement ce qu'ils veulent. Pour nous, humains, leur message est facilement compréhensible. Voici un petit lexique du « langage cochon d'Inde » :

IMMOBILITÉ TOTALE. Quand le cochon d'Inde est effrayé et qu'il a peur, il se fige sur place.

MENACE. Avant d'entamer un combat, les mâles essaient d'intimider leur adversaire par un comportement menaçant. Parfois, l'adversaire renonce, ce qui évite des blessures inutiles. Cette attitude a un intérêt sur le plan biologique. Les mâles essaient de s'impressionner mutuellement en offrant leur flanc et en hérissant leur pelage. En même temps, ils claquent très fort des dents et se présentent les testicules. Ils tournent autour de leur adversaire en émettant des « pourr » et de longs « grrr ». Ce type de comportement s'observe très rarement chez la femelle.

PIÉTINEMENT. Il est souvent associé au comportement décrit précédemment. Le cochon d'Inde s'appuie sur les pattes avant et soulève alternativement les pattes arrière. L'arrière-train se balance. Ce comportement s'observe surtout chez les individus de rang inférieur à l'intérieur de la colonie.

BÂILLEMENT. Ce geste de soumission signifie que le perdant souhaite interrompre le combat. Il n'a rien à voir avec la fatigue.

RUMBA. C'est par ces mouvements de danse que le mâle fait la cour à la femelle. Il se rapproche d'elle et marche autour d'elle au ralenti en se balançant d'une patte sur l'autre. Il souligne ses intentions par des « pourr » sonores.

JETS D'URINE. Cette méthode insolite est utilisée par la femelle pour repousser son prétendant. Quand le mâle devient trop entreprenant, la femelle urine en sa direction. Le jet peut atteindre 30 cm.

Le cochon d'Inde se dresse sur ses pattes arrière pour mieux voir et ne rien rater de ce qui se passe autour de lui.

Ces deux cochons d'Inde se connaissent. Cela ne les empêche pas de se renifler abondamment pour être certains qu'ils appartiennent bien à la même famille.

À deux, c'est plus facile. On sait aujourd'hui que les cochons d'Inde supportent mieux le stress s'ils vivent avec au moins un congénère.

SAUTILLEMENT. Les jeunes cochons d'Inde sautillent souvent sur place comme des petits enfants qui s'amusent. C'est un moyen pour eux d'exprimer leur envie de jouer et d'attirer l'attention des autres.

PIAILLEMENT. Cri de mendicité. Le cochon d'Inde émet ce sifflement long et perçant quand il réclame à manger. Il est rare qu'un maître digne de ce nom résiste à cet « appel au secours ».

COUINEMENT. Quand il a faim ou mal, le cochon d'Inde couine. Ses couinements ressemblent à de longs cris.

SIFFLEMENT. Le sifflement est un cri caractéristique. Il s'agit d'un long cri aigu qui suscite un sentiment de pitié. Les jeunes cochons d'Inde sifflent quand ils sont seuls ou qu'ils ne se sentent pas bien.

GROGNEMENT. Les mâles émettent ce cri pendant la parade et la menace. Il est grave et s'accompagne de trilles.

Un animal qui aime la vie en groupe

Comme vous le voyez, le cochon d'Inde est un animal passionnant qui dispose d'un vocabulaire et d'une gamme d'expressions très riche. Mais si vous voulez les observer, il ne faut pas que votre cochon d'Inde vive seul. Sa sociabilité est inscrite dans ses gènes. Toutefois, suivant les expériences qu'il a vécues dans son jeune âge, il ne va pas s'entendre avec n'importe qui. L'enfance et la puberté sont des périodes particulièrement importantes pour les mâles. C'est à ces moments-là qu'ils apprennent à gérer leur position future au sein du groupe. Les plus âgés servent de *sparring partner* (partenaire d'entraînement). Un mâle qui a grandi seul, sans partenaire du même sexe, a du mal à trouver sa place dans un groupe. Il n'a pas appris les règles du jeu et devient bagarreur. Quelle qu'ait été son enfance, une femelle cochon d'Inde aura moins de mal à se faire accepter dans un nouveau groupe.

ANATOMIE ET SENS

Les dents

Elles poussent durant toute sa vie – les molaires peuvent même pousser de 1,5 mm par semaine. On peut s'amuser à calculer la longueur qu'elles atteindraient en deux ans s'il ne les usait pas en rongeant des matériaux durs (du bois, par exemple).

La langue

Elle remplit plusieurs fonctions. Elle lui sert à travailler les aliments, à avaler et à faire sa toilette. Elle est pourvue d'un nombre considérable de papilles. Le cochon d'Inde préfère les choses légèrement sucrées (mais pas trop). Il n'aime pas ce qui est amer.

Les pieds

Ils possèdent quatre orteils sur les pattes avant et trois sur les pattes arrière. Les coussinets sont dotés de glandes sudoripares et sébacées. Les griffes doivent pouvoir s'user sur un sol dur. Si elles sont trop longues, faites-les couper par votre vétérinaire (c'est préférable), car elles peuvent faire souffrir le cochon d'Inde quand il marche.

Le pelage

Le cochon d'Inde sauvage a un pelage gris brun sans éclat, ce qui lui permet de ne pas trop se faire remarquer dans la nature par ses nombreux ennemis. Le cochon d'Inde domestique que nous connaissons aujourd'hui peut, en revanche, avoir un poil à la couleur, à la longueur et à la structure variées.

Les yeux

Ils sont placés sur les côtés de la tête.
Avantage : il peut voir ses ennemis approcher par derrière. Inconvénient : la vision en trois dimensions n'est pas très bonne. Le cochon d'Inde voit vraisemblablement le monde en couleurs, comme nous.

Le nez

L'odorat joue un rôle important dans sa vie. Il lui permet de comprendre et de reconnaître ses congénères. Il lui permet aussi de vous reconnaître grâce à votre odeur – il vaut donc mieux que vos mains ne sentent pas le parfum, le produit ménager ou le chien. Les moustaches disposées autour du museau sont très utiles, notamment dans l'obscurité. Elles aident l'animal à s'orienter dans l'espace grâce aux informations qu'elles lui transmettent dès qu'elles touchent quelque chose.

Les oreilles

Les cochons d'Inde entendent très bien. Ils se reconnaissent grâce à leurs cris. Ils gardent le contact entre eux par des roucoulements et des caquètements. Ils sont toutefois particulièrement sensibles aux hautes fréquences.

QUI VA AVEC QUI ?

Même si les cochons d'Inde ont l'instinct tribal et qu'ils ne doivent pas vivre seuls, on ne peut pas les associer n'importe comment. Comme chez l'homme, il y a les doux et les agressifs. Alors comment savoir qui va s'entendre avec qui ?

🐾 **FEMELLES.** Elles s'entendent généralement bien entre elles. Elles ne se disputent que rarement, et les choses rentrent en général très vite dans l'ordre. L'agressivité au sein d'un groupe de femelles est toutefois un peu plus élevée que dans une tribu composée d'un mâle et de plusieurs femelles.

🐾 **MÂLES.** Je vous déconseille d'élever plusieurs mâles adultes ensemble. Le risque qu'ils se mordent entre eux est trop élevé. Les problèmes sont moins nombreux quand ils ne sont que deux. Beaucoup de maîtres en ont fait l'heureuse expérience. Mais il faut impérativement que la cage soit grande et que les animaux puissent s'éviter. S'ils se disputent malgré tout en permanence, il faut absolument les séparer. En général, la bonne combinaison est un mâle âgé et un plus jeune, le « vieux » étant le chef incontesté.

🐾 **MÂLES/FEMELLES.** L'idéal est un groupe composé de nombreuses femelles et de nombreux mâles. Chacun connaît les règles du jeu, et l'agressivité ambiante est assez faible. Dans un groupe constitué d'un petit nombre de mâles et d'un grand nombre de femelles, les querelles sont inévitables, car les mâles doivent se disputer les femelles.

À deux, la vie est plus facile

Le cochon d'Inde est sensible au stress. Il a en effet un point commun avec l'homme : l'hormone dite « du stress ». Cette hormone (le cortisol), présente dans le sang, est sécrétée par des glandes. Si, par exemple, l'animal a peur ou se sent menacé, elle passe dans le sang. L'augmentation de son taux est un signe infaillible de stress. Le stress n'est pas forcément mauvais. Il ne rend malade que s'il dure longtemps et qu'on n'arrive pas à le faire disparaître. Si on retire un cochon d'Inde de son environnement familier pour l'installer seul dans une cage à moitié vide, son taux

Ce petit garnement n'a que sept jours mais il mange déjà comme les « grands ». Le cochon d'Inde naît totalement développé.

....
LAPINS ET COCHONS D'INDE
....

Les lapins et les cochons d'Inde se supportent bien, mais ils ne communiquent pas comme peuvent le faire des congénères entre eux. Normal, puisque les deux espèces « parlent » des langues différentes. Qui plus est, ils n'ont pas le même rythme de vie.
....

de cortisol augmente nettement. On a constaté avec étonnement en faisant la même expérience avec deux individus que leur taux d'hormone du stress était beaucoup plus bas. Mais le stress est également perceptible au niveau de son petit coeur (2,1 grammes !). Sa fréquence cardiaque augmente. Son coeur qui bat normalement à 230 pulsations par minute se met à battre encore plus vite. Une performance par rapport à l'homme (50 à 70 pulsations par minute). S'il vit seul, il faudra 30 minutes à son coeur pour retrouver son rythme normal. S'il vit avec un autre congénère, trois minutes seulement. Ces chiffres montrent bien à quel point le cochon d'Inde a besoin d'un partenaire. À deux, la vie est plus facile.

Pourquoi souffrent-ils de la solitude ?

Sans partenaire, la vie du cochon d'Inde est solitaire et ennuyeuse. Il n'a personne à qui « parler ». Les cochons d'Inde retirés trop tôt à leur famille et élevés seuls présentent de graves

Les tubes de liège – un matériau naturel agréable pour leurs petits pieds – sont en général très appréciés. Ils peuvent s'amuser à passer à travers ou s'y installer pour regarder ce qui se passe – chacun de ces trois cochons d'Inde semble avoir trouvé sa place.

troubles du comportement. Resocialiser un cochon d'Inde qui a été élevé seul dans une tribu n'ayant jamais été démantelée pose aussi des problèmes. En effet, s'ils ont été élevés seuls pendant plus d'un an dès leur deuxième mois, ils ont du mal à trouver leur place dans un groupe qui se connaît déjà. Beaucoup meurent sans avoir cherché à se battre. Malheureusement, ce stress mortel n'est pas visible. Ceux qui survivent perdent presque 20 % de leur poids en quelques semaines et occupent un rang inférieur au sein du groupe. Ces découvertes scientifiques importantes ne peuvent évidemment pas être ignorées par un maître responsable. Elles montrent d'une part à quel point le cochon d'Inde a besoin de compagnie et, d'autre part, qu'on ne peut pas les regrouper au hasard. On sait également aujourd'hui que les femelles que l'on change souvent de tribu – et qui doivent par conséquent faire à chaque fois connaissance avec de nouveaux congénères – font du gras, comme les humains qui compensent leur frustration par la nourriture. Elles souffrent de stress, comme en témoignent leurs hormones. Mais ce stress n'a pas de conséquences sur le nombre de petits qu'elles mettent au monde. Il est le même que chez les femelles non stressées par un changement de meute. Malheureusement, l'espérance de vie d'une femelle ballottée de tribu en tribu est plus faible. On sait désormais que, contrairement à ce qu'on aurait pu croire, la vie sociale de ces petits rongeurs est extrêmement complexe.

Les cochons d'Inde et les enfants font bon ménage. Mais ces derniers doivent absolument être guidés et surveillés par leurs parents.

UNE ÉDUCATION RIGOUREUSE

Respect

Apprenez à vos enfants à respecter et à aimer leurs cochons d'Inde.

Comportement

Montrez-leur comment ils doivent se comporter avec leurs petits compagnons.

Soins

Ils doivent aussi apprendre qu'on doit régulièrement leur donner de la nourriture et nettoyer leur cage.

Confiance

Les cochons d'Inde nouent facilement une relation avec les enfants et se laissent vite apprivoiser.

Aucun danger

Les cochons d'Inde ne mordent pas et ne se défendent pas, mais s'enfuient quand ils en ont assez.

LA VIE QUOTIDIENNE DU COCHON D'INDE

Cette rubrique m'a été inspirée par mes propres cochons d'Inde : Barny, le chef, Castry, le mâle castré, et deux femelles, Mona et Lisa. J'ai observé et filmé leur vie nuit et jour pendant plusieurs jours. J'entretiens une relation très personnelle avec chacun de mes cochons d'Inde. Ils me connaissent bien, répondent à leur nom et m'accueillent tous les jours avec des piaillements joyeux. En les observant, je me suis souvenu que les cochons d'Inde ne se lèchent jamais et ne se nettoient jamais mutuellement le pelage comme peuvent le faire d'autres espèces (le lapin, par exemple). Pour eux, le contact corporel avec des congénères n'a donc aucun intérêt particulier. Mais cela ne signifie pas pour autant que les observer est ennuyeux. Si on leur en donne l'occasion, ils adorent partir à l'aventure et apprennent très vite. La journée des cochons d'Inde commence très tôt. Dès les premiers rayons du soleil, ils se mettent en quête de nourriture et inspectent leur cage bruyamment, en caquetant comme des poules. Tout ce qui est nouveau est soigneusement reniflé et examiné. À cette longue promenade succède une période de repos. Ce qu'ils font après dépend de l'aménagement intérieur de la cage *(voir p. 32-33)*. S'ils ont de quoi s'amuser, ils en profitent largement. La journée d'un cochon d'Inde comporte entre cinq et sept phases d'activité prolongée, suivies de temps de repos. Ceux qui s'aiment bien dorment l'un près de l'autre. Lors de nos observations, nous avons constaté que nos cochons d'Inde dormaient la plupart du temps la nuit, tout en étant néanmoins très actifs entre deux et trois heures du matin.

Avant l'achat

Ne vous laissez pas attendrir par ces adorables animaux sans avoir réfléchi. Vous et

La couverture a l'odeur de sa famille. Cela le rassure et lui permet de se blottir et de se cacher.

vos enfants devez tous être prêts à assumer les tâches que les soins impliquent. Et, ce qui est très important, vous devez être quasiment sûr de pouvoir accompagner vos animaux jusqu'à leur mort. Changer souvent de maison n'est pas bon pour eux. Ce sont des petits êtres sensibles qui vont s'attacher à vous et à votre environnement. Ils auront du mal à bâtir une nouvelle relation de confiance. Par conséquent, ne vous décidez pas trop vite. Avant d'acheter des cochons d'Inde, vérifiez que personne n'est allergique à leurs poils ou à la litière. Et pensez à la façon dont les autres animaux de la maison (oiseau,

Les cochons d'Inde adorent les tunnels en tissu munis de plusieurs entrées et sorties. Mais le plaisir peut être de courte durée si l'idée leur vient de les grignoter.

CONSEILS D'EXPERT

Le bien-être assuré

Congénères

On ne sait pas si les animaux sont heureux, mais on sait s'ils se sentent bien. Les cochons d'Inde, qui ont absolument besoin de leurs congénères, doivent être au moins deux. Au-delà, on ne peut pas les associer n'importe comment (*voir p. 16*).

Espace

La cage ne doit pas être trop petite, sinon les cochons d'Inde deviennent apathiques et paresseux (*voir p. 32-33*).

Jeux

La cage et l'enclos doivent être conçus pour des cochons d'Inde et offrir des possibilités de divertissement (*voir p. 33, 34, 35, 36*).

Nourriture

Les cochons d'Inde apprécient la bonne chère. Une nourriture équilibrée est indispensable à leur bonne santé (*voir p. 53*).

Activité physique

Pour qu'ils se sentent encore mieux, laissez vos cochons d'Inde gambader en liberté dans une pièce ou mettez-les dehors dans un enclos. Ils sont également toujours partants pour les activités plus cérébrales (*voir p. 74*).

chien, chat) vont les accueillir. L'acclimatation avec un chien ou des oiseaux bien éduqués se passe en général très bien. Avec les chats, les choses sont plus difficiles, car ils considèrent souvent le cochon d'Inde comme une proie, et rien ne peut les dissuader du contraire. Pensez aussi à ce que vous ferez de vos cochons d'Inde pendant les vacances (voir p. 79).

Où trouver des cochons d'Inde ?

On peut en trouver dans les animaleries, chez les éleveurs, chez des particuliers ou dans les refuges tenus par des associations. C'est à vous de choisir en fonction de la confiance que chacun vous inspire. Plusieurs points doivent néanmoins attirer votre attention :

› Les cages doivent être spacieuses et propres. Une couche épaisse de litière pour petits animaux est indispensable pour élever des cochons d'Inde.

› Une bonne circulation de l'air doit être assurée à l'intérieur de la cage.

› Les animaux doivent avoir de l'eau et un râtelier de foin à leur disposition dans la cage.

› Ils doivent avoir des branches et des rameaux à ronger.

› Si le groupe est important, la cage doit comporter plusieurs cabanes.

› Un cochon d'Inde ne doit pas vivre seul. Le lapin ne remplace pas un congénère, mais il est capable de cohabiter avec lui.

› Demandez au vendeur l'âge et la provenance de ses animaux. Car s'ils ont déjà parcouru un long trajet, qui plus est dans une petite cage, ils risquent d'avoir subi un choc et d'être difficiles à apprivoiser.

À quel âge les acheter ?

Si vous êtes un néophyte, je vous conseille d'acheter des jeunes cochons d'Inde. Le bon âge se situe entre six et huit semaines. Et à cet âge, on peut encore les différencier facilement des adultes. Ils leur ressemblent, certes, mais ils sont nettement plus petits et pèsent moins lourd. Si le vendeur n'a que des animaux de la même taille, demandez-lui de peser ceux qui vous plaisent le plus. Leur poids ne doit pas dépasser 350 g. Vous aurez ainsi la certitude que ce sont bien des jeunes.

Comment reconnaître le sexe

Pas besoin d'être un spécialiste pour reconnaître le sexe d'un cochon d'Inde, même si le pénis du mâle est caché dans un repli du ventre. Une petite astuce pour vous permettre de déterminer si vous êtes face à un mâle ou une femelle : mettez l'animal sur le dos et appuyez doucement sur le ventre avec le doigt, à proximité de l'anus. Si c'est un mâle, le pénis sort aussitôt. Chez la femelle, le sexe est en forme de Y. La distance entre l'anus et l'orifice génital est plus courte chez la femelle que chez le mâle (voir photos ci-après).

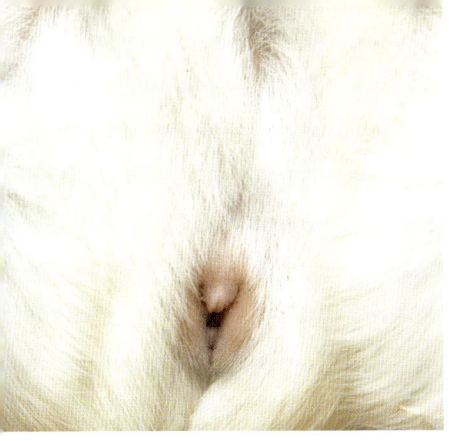

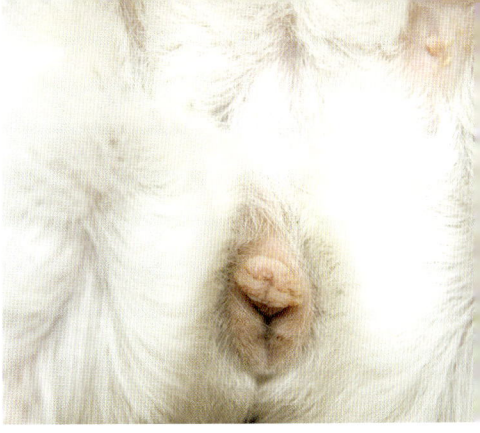

1 Le sexe du cochon d'Inde est assez facile à déterminer. Chez la jeune femelle, l'orifice génital forme un Y.

2 Pour savoir si c'est un mâle, appuyez doucement sur le ventre dans la région anale ; le petit pénis sortira sous la pression.

L'intérêt des fratries

Essayez d'acheter en même temps deux ou trois membres d'une même fratrie. Ils se connaissent déjà et se sont habitués les uns aux autres. Cela évite l'agressivité, et la timidité qu'ils pourraient éprouver dans un environnement nouveau sera plus vite surmontée. Ainsi, vous les apprivoiserez plus vite. Évidemment, ce n'est pas facile d'avoir une fratrie, surtout dans une animalerie. Mais on trouve des jeunes qui vivent en groupe. Ne faites pas l'erreur d'en acheter d'abord un tout seul en espérant qu'il sera plus facile à apprivoiser. C'est vrai pour beaucoup d'espèces, mais pas pour le cochon d'Inde. Ils ont besoin d'être en groupe, ce qui leur permet aussi de se sentir plus vite en confiance. La bonne so-lution, c'est un petit groupe de deux ou trois individus *(voir p. 14-15)*.

🐾 **CONSEIL.** Si vous avez envie d'offrir un toit à des animaux plus âgés (qui viennent, par exemple, d'un refuge), cela ne pose en prin-cipe aucun problème. Mais vous mettrez peut-être plus longtemps à gagner leur confiance.

🐾 **STÉRILISATION.** Si vous mélangez mâles et femelles, il faut les empêcher de se reproduire *(voir p. 44)*. Une seule solution : la stérilisation. Il n'existe aucune pilule pour cochons d'Inde. Pour l'animal, la stérilisation est une opéra-tion lourde. L'ablation des ovules ou des tes-ticules modifie son comportement. Les mâles ne produisent plus de testostérone (hormone masculine). S'ils sont bagarreurs, ils peuvent devenir pacifiques du jour au lendemain. Les femelles ont quant à elles tendance à prendre du poids.

🐾 **CONSEIL.** Je déconseille la stérilisation des femelles, dans la mesure où elle coûte plus cher et présente plus de risques que la castration des mâles.

Un choix parfois difficile

Comment se décider quand on a devant soi toute une bande d'adorables petits cochons d'Inde ? Préférez-vous un cochon d'Inde de race (les races « officielles » ont leurs standards) ou bien un cochon d'Inde « ordinaire » ? C'est à vous de trancher. Pour ma part, je préfère ceux dont les poils ne sont pas trop longs (voir Galerie de portraits p. 26-29). Les poils très longs sont difficiles à entretenir et empêchent l'animal de bien voir. C'est peut-être aussi ce qui explique qu'il bouge moins qu'un cochon d'Inde dont le pelage est d'une longueur normale. Ce qui est déterminant pour moi, c'est la santé et le comportement de l'animal (voir encadré ci-contre).

Évaluer le comportement est assez compliqué. Un conseil : n'achetez pas vos animaux la première fois, mais revenez au moins une fois observer le groupe. En effet, les cochons d'Inde ont, tout comme nous, un rythme de vie particulier. Si vous arrivez par hasard pendant une période de sommeil, vous pouvez vous faire une idée totalement fausse d'eux.

🐾 **TEST DE COMPORTEMENT.** Ce petit test peut vous en dire long sur les cochons d'Inde qu'on vous propose. Demandez au vendeur de plonger sa main dans la cage comme s'il voulait en attraper un pour vous le donner. La réaction des cochons d'Inde est intéressante : s'ils se réfugient tous dans leur cabane, c'est normal et c'est plutôt bon signe. Mais au bout de quelques minutes, la curiosité doit être plus forte que la peur. Ils doivent pointer le museau hors de leur abri et sortir pour voir ce qui se passe. Mais si l'un d'entre eux reste immobile, c'est qu'il a certainement des problèmes de comportement ou de santé.

RECONNAÎTRE EN UN CLIN D'OEIL

À VÉRIFIER	LES QUESTIONS À SE POSER
COMPORTEMENT	Assurez-vous que les animaux ne sont pas dans une phase de sommeil en venant les voir plusieurs fois à différentes heures. Faites le test de comportement (voir ci-contre).
DÉMARCHE	Le cochon d'Inde marche-t-il normalement en répartissant son poids sur ses quatre pattes, sans claudiquer ?
PIEDS	La position des pieds est-elle correcte ? Les griffes sont-elles droites ?
DENTITION	La dentition est-elle saine ? Les incisives doivent être de la même longueur et les molaires ne doivent pas être espacées.
YEUX	Les yeux sont-ils clairs et non collés ?
OREILLES	Les oreilles sont-elles propres, sans dépôt et sans croûtes ?
NEZ	Le nez est-il rose et sec ? Il ne doit pas couler.
PELAGE	Le pelage est-il brillant, sans plaques dénudées et sans parasites ?
ANUS	L'anus est-il propre et non collé ? Y a-t-il des signes de diarrhée ?
PEAU	La peau est-elle exempte de cicatrices et de croûtes ?

COURONNÉ AMÉRICAIN

(Ici, un havane et un crème.) La particularité de cette variété est la couronne blanche qu'ils ont sur la tête.

GALERIE DE PORTRAITS

AGOUTI ARGENTÉ

La base des poils qui composent le sous-poil est sombre. Leur extrémité est claire, ce qui donne à ce pelage court, facile à entretenir, de magnifiques reflets argentés.

SATIN

(Ici, rouge.) Le poil particulièrement fin de ces cochons d'Inde est brillant. Leurs os sont plus fragiles et ils sont plus menus. Cette variété est réputée un peu anxieuse.

ABYSSINIEN

Les abyssiniens tricolores sont très appréciés. Les rosettes leur donnent un air amusant.

ANGORA

(Ici, rouge et blanc.) Ce pelage long présente un nombre indéterminé de rosettes (toupets).

Les couleurs variées des cochons d'Inde d'élevage d'aujourd'hui n'ont plus rien à voir avec le gris-brun fade qu'arborent leurs ancêtres sauvages. Voici quelques exemples de variétés très appréciées (toutes ne sont pas reconnues par l'Association nationale des éleveurs de cobayes).

COURONNÉ ANGLAIS

Il possède lui aussi une couronne, mais elle est de la couleur du corps et non blanche comme celle du couronné américain ; de plus, elle est ébouriffée.

PÉRUVIEN

(Ici, noir et blanc.) Le poil est long, avec deux rosettes sur l'arrière-train et une sur la tête, ainsi qu'une longue frange.

ROUAN

Ce cochon d'Inde rouan noir et blanc est très joli. Le poil lisse nécessite peu d'entretien et ne se salit pas facilement.

Bienvenue
à la maison

Enfin, ça y est : vos cochons d'Inde emménagent ! Leur cage est prête, elle est installée au bon endroit et ils peuvent se familiariser en toute quiétude avec leur nouvelle maison. Pour détendre l'atmosphère, parlez-leur doucement et proposez-leur des petites friandises de façon à les amadouer.

UN NID DOUILLET

Tout le monde sait qu'il est important de se sentir bien chez soi. Le sentiment de bien-être est bon pour le moral et pour la santé, pour nous comme pour les animaux. Eux aussi ont besoin d'un endroit où ils se sentent en sécurité, où ils peuvent se retirer quand ils en ont envie. Toutes les espèces n'ont pas les mêmes exigences. Certains animaux ont, par exemple, besoin de beaucoup d'espace, d'autres d'une température ou d'une lumière particulières. Heureusement, les cochons d'Inde ne sont pas exigeants. Il faut peu de choses pour les installer confortablement chez

vous. Encore faut-il savoir quel est l'endroit idéal où mettre leur cage, la taille qu'elle doit avoir et les accessoires à prévoir pour qu'ils puissent se divertir. Nous allons passer en revue chacun de ces points.

Le bon endroit

Ne mettez jamais la cage en plein soleil, car vous risquez d'exposer vos cochons d'Inde à un coup de chaleur mortel. Choisissez un endroit qui offre à la fois du soleil et de l'ombre. L'idéal est une pièce claire où règne une température moyenne, c'est-à-dire entre 15 et 20 °C. Ils sont toutefois capables de supporter une légère variation de température. Les courants d'air sont à proscrire. Quant au bruit, il ne les dérange pas, à condition qu'il ne soit pas trop fort. Les sons aigus les font paniquer. Je vous conseille aussi d'installer la cage en hauteur sur une petite table. Ils seront à la fois en position stratégique pour tout observer et à l'abri de votre chien si vous en avez un. Mais tout cela reste une affaire de goût très personnelle.

Un refuge sûr

Les cochons d'Inde sont des animaux plein d'entrain qui s'activent toute la journée. Par conséquent, plus la cage est grande, mieux c'est. Ce n'est malheureusement pas toujours possible, car tout le monde n'a pas la place suffisante. Vous devez néanmoins satisfaire leur besoin d'activité en aménageant leur cage de façon distrayante et en prévoyant une sortie quotidienne dehors ou dans votre appartement *(voir p. 36-37)*.

🐾 **TAILLE MINIMALE.** Pour deux cochons d'Inde, la cage doit mesurer au moins 120 cm de long, 80 cm de large et 45 cm de haut.

🐾 **TYPE DE CAGE.** Les cages vendues dans le commerce sont constituées d'un fond creux et d'une armature grillagée. Le fond, en plastique, doit mesurer au maximum 16 cm de haut pour que les animaux puissent voir ce qui se passe à l'extérieur. Cela leur évite les surprises, le stress et la panique, et empêche la chaleur et les odeurs de

Même dehors, les cochons d'Inde apprécient de pouvoir se réfugier dans une petite cabane.

s'accumuler. Un conseil : choisissez une cage en acier galvanisé munie de barreaux horizontaux. Vos petits compagnons pourront se mettre debout en prenant appui dessus avec leurs pattes avant et satisfaire leur curiosité en regardant dehors.

❧ **REMARQUE.** La solution idéale pour leur offrir plus d'espace consiste à relier au moins deux cages entre elles. Elle présente l'avantage de leur donner un sentiment de liberté et de pouvoir facilement déplacer l'ensemble. Les possibilités d'agencement sont multiples. Vos cochons d'Inde vous en remercieront en montrant encore plus de curiosité. On trouve aussi dans les animaleries des cages à plusieurs étages, ce qui est aussi une bonne solution. Vérifiez toutefois que les rampes d'accès sont en bois et non en plastique (un matériau qui ne convient pas aux pattes des cochons d'Inde).

❧ **LITIÈRE.** Je conseille d'étaler de 10 à 15 cm de copeaux de bois tendre. Vous en trouverez dans les animaleries. La litière de tourbe ou celle pour chats ne conviennent pas aux cochons d'Inde.

Une petite maison pour tous

Les cochons d'Inde sont faits pour vivre en meute. Par conséquent, ils recherchent les contacts avec leurs congénères. Je conseille donc d'opter pour une cabane qui puisse tous les abriter. Cela renforce la cohésion du groupe et leur donne un sentiment de sécurité. Mais ils ont parfois besoin, comme nous les hommes, d'être seuls, même si ce n'est que rarement. Dans cette optique, je mets à la disposition de mes cochons d'Inde un « studio ». Mais la taille de la cage doit s'y prêter. Une installation ingénieuse. Mme Zopfi-Fischli, de l'uni-

versité de Berne, en Suisse, a eu l'idée d'équiper les cages de cloisons en bois mobiles de différentes tailles. En les déplaçant, on peut rapidement modifier l'agencement d'une cage. Cette solution a rencontré un énorme succès : les cochons d'Inde manifestent encore plus d'entrain et ceux qui occupent un rang inférieur peuvent éviter leurs rivaux.

L'aventure dans un parc

Les cochons d'Inde adorent s'aventurer hors de leur cage. Malheureusement, les dangers ne manquent pas (*voir encadré p. 76*). Qui plus est, la plupart

....
CONTRE L'ENNUI
....

Déplacer la cage

De temps en temps, déplacez la cage d'un endroit de la pièce à l'autre. Ils apprécieront.

Changez leur angle d'observation

Ils verront la pièce autrement. Et si vous la mettez carrément dans une autre pièce, ils pourront même faire de nouvelles expériences olfactives.

Des impressions nouvelles

Les sensations nouvelles permettent de lutter contre l'ennui. Les cochons d'Inde observent le monde depuis un poste sûr, où ils se sentent à l'abri de tout. Mais il faut régulièrement les arracher à leur routine quotidienne si l'on veut qu'ils fassent preuve d'une plus grande curiosité.

....

L'UNIVERS DE VOS COCHONS D'INDE

Râtelier à foin

La ration quotidienne de foin de vos animaux ne doit pas être étalée par terre mais déposée dans un râtelier. Ainsi, le foin n'est pas souillé par leurs déjections. Si vous voulez économiser de la place, optez pour un râtelier qui s'accroche à l'extérieur de la cage.

Cabane

Elle doit pouvoir abriter tous vos cochons d'Inde, que ce soit dans la cage ou dans le parc. Ils aiment s'y blottir l'un contre l'autre ou s'y retirer quand ils ont envie d'être un peu seuls.

Biberon

Les cochons d'Inde doivent toujours avoir de l'eau fraîche à leur disposition. Le biberon permet de la garder propre, à condition de bien le nettoyer, sinon il devient vite un nid à microbes. Prenez l'habitude de le laver tous les jours à l'eau très chaude.

Mangeoires

Elles doivent être stables. L'idéal est un récipient en céramique ou en terre cuite. Pour les adultes, il existe des mangeoires hautes dont le bord est incurvé vers l'intérieur, très pratiques. Les plus jeunes ont besoin d'une mangeoire plus plate. Ne mettez jamais les aliments frais et les aliments secs dans la même mangeoire.

Râtelier-boule

Il va occuper vos cochons d'Inde un bon moment. De nombreux zoos utilisent aujourd'hui ce système pour obliger les animaux à aller chercher leur nourriture comme ils le feraient dans la nature. Pour les cochons d'Inde, les possibilités sont multiples. Le râtelier-boule photographié ici peut être rempli de foin ou d'aliments juteux et accroché dans la cage. Vous pouvez aussi bricoler un « arbre à nourriture » comme sur la photo de la page 55 ou déposer à plusieurs endroits des boules remplies de friandises (carottes, par exemple).

Tubes de liège

Il en existe de toutes sortes ; certains s'emboîtent même les uns dans les autres. Ils offrent de nombreuses possibilités : les cochons d'Inde peuvent se percher dessus, se cacher dedans, ou même les mordiller.

d'entre eux ne sont pas propres et sèment leurs déjections un peu partout. Je vous conseille donc d'acheter en animalerie des cloisons mobiles à assembler, que vous pourrez fixer à la cage pour créer un parc. Pour protéger le sol de la pièce, étalez une feuille de plastique épaisse et recouvrez-la de journaux qui absorberont l'urine. Ajoutez comme dernière couche un tapis en paille de riz, de maïs ou en jonc, que les cochons d'Inde adorent ronger. Mais un reste de moquette sans bouclettes peut aussi faire l'affaire. L'avantage du parc, c'est qu'ils sont en sécurité et que le nettoyage est moins fastidieux.

En distribuant des friandises à la main, vous créez chez vos cochons d'Inde une association entre vous et quelque chose d'agréable, ce qui aide à gagner leur confiance.

UN PARC DE LOISIRS EN PLEIN AIR

Au jardin ou sur le balcon

Tous les animaux adorent la nature. Le grand air, le soleil et même la pluie renforcent leurs défenses naturelles et aiguisent leurs sens. Ils sont comme nous, les promenades et l'air pur leur sont indispensables. Alors mettez vos petits rongeurs dehors dès que vous le pouvez. L'idéal, c'est le jardin, mais un balcon peut aussi faire l'affaire. Ils peuvent ainsi s'ébattre à leur guise et faire sans cesse de nouvelles découvertes. Cela leur permet de se muscler et développe leur curiosité. Dehors, aucun risque qu'ils s'ennuient. Il ne faut pas oublier que l'ennui est un problème qui touche souvent les animaux de compagnie : il les rend apathiques ou peut générer des troubles du comportement. Mais revenons à nos « oasis d'air pur ». Jusqu'à quel point le cochon d'Inde peut-il supporter le soleil, la pluie et le vent ? Le soleil et un peu de pluie et de vent ne peuvent pas lui nuire. Évidemment, ne laissez pas vos cochons d'Inde des heures sous la pluie ou exposés à un vent permanent et à une grosse chaleur *(voir p. 31)*. C'est à vous de doser, à condition que vous ne soyez pas un fanatique de la vie au grand air. Restez dans la bonne mesure. Le mélange entre les habitudes et la nouveauté leur convient parfaitement. Mais ils ont besoin de points de repère familiers, comme leur cabane ou une cloison qui porte leur odeur.

Un petit coin de paradis

Comment l'enclos de vos cochons d'Inde doit-il être conçu ? Le premier impératif est de protéger ces animaux sans défense. Les animaleries proposent des enclos mobiles constitués d'éléments grillagés repliables au-dessus desquels on tend un filet. Mais ils ne conviennent qu'aux sorties de courte durée, sous surveillance. Il y a, en effet, de gros risques qu'un chat ou un chien déboule dans le jardin et arrache le filet avec ses griffes ou son museau. C'est pourquoi on trouve aussi dans les animaleries des enclos solides mais qui restent mobiles. Les cloisons en grillage renforcé, le plafond, en grillage lui aussi, et l'abri forment une unité. L'inconvénient, c'est qu'ils ne sont pas très grands (2 m de long pour 0,50 m de large).

⚡ UN ENCLOS « MAISON ». Si vous êtes bricoleur, vous pouvez facilement construire vous-même l'enclos de vos cochons d'Inde. Mais quelle taille faut-il prévoir ? Une fois de plus, plus il est grand, mieux c'est. Les miens disposent d'un parc de 1,50 x 2 m. Prévoyez des tasseaux et du grillage à poules. Les mailles du grillage doivent être suffisamment petites pour que ni vos cochons d'Inde ni un rat ou une martre ne puissent se faufiler à travers. Servez-vous des tasseaux pour réaliser quatre cadres indépendants de 30 à 40 cm de hauteur. Tendez le grillage dessus. Assemblez vos cadres avec des écrous papillons de manière à pouvoir facilement monter et démonter votre enclos. Pour le toit, fabriquez un autre cadre sur lequel vous tendrez un grillage renforcé à mailles plus fines. Vissez deux charnières sur un des côtés et prévoyez un ou deux systèmes de ferme-

ture de l'autre de manière à pouvoir facilement soulever le « couvercle » de votre enclos.

⚡ ABRI. Un abri stable est absolument indispensable. Si vous ne laissez vos compagnons dans leur enclos que dans la journée, procurez-vous un abri qui résistera aux intempéries. Si vous les laissez dehors nuit et jour, choisissez un abri qui les protège aussi du vent et du froid. J'ai fait réaliser le mien par un menuisier, mais voici comment je vous conseille de réaliser le vôtre. Un abri de 40 x 40 cm de surface et 30 cm de haut suffit pour deux cochons d'Inde. Le plancher doit être épais et en bois massif. Pour éviter que leur « villa » repose directement sur le sol, fixez des pieds de 3 cm de haut sous le plancher. Sur le dessus du

Un parc intérieur directement fixé sur la cage offre un terrain de jeu étendu et varié.

Vos cochons d'Inde peuvent très bien vivre sur votre balcon s'il est assez grand, sécurisé et équipé d'un abri capable de résister aux intempéries.

On trouve dans le commerce des enclos constitués d'éléments grillagés comme celui-ci. Ils ne conviennent qu'aux séjours en plein air de courte durée.

plancher, vissez sur les quatre côtés des pièces en bois d'environ 5 cm de hauteur sur lesquelles l'abri viendra s'emboîter. Vous pourrez ainsi le sortir facilement pour le nettoyer. Les cloisons et le toit sont en bois (2 ou 3 cm d'épaisseur). Le toit doit être légèrement en pente pour permettre à l'eau de s'écouler. Peignez le dessus avec une peinture non toxique pour ne pas risquer d'empoisonner vos cochons d'Inde. Le trou d'entrée devra mesurer 10 cm de large et 12 cm de haut. Pour qu'ils puissent se faufiler très vite dans leur cabane en cas de danger, placez une planche de 1 cm d'épaisseur devant celui-ci. Pour ma part, je répands un peu de litière par terre et j'ajoute un peu de foin quand il fait froid.

Le bon emplacement

Choisissez un endroit du jardin qui soit plat et abrité du vent, idéalement à la fois ombragé et ensoleillé. Le meilleur emplacement, c'est sous un arbre. Si ce n'est pas possible, installez une bâche sur l'enclos pour faire de l'ombre à vos cochons d'Inde. C'est une question de survie pour eux, car ils peuvent rapidement attraper un coup de chaleur mortel. Ils ne sont pas capables de réguler leur température corporelle aussi bien que les chiens ou les chats. Si vous installez un enclos mobile, n'oubliez pas que le soleil tourne. S'il y a trop de vent, installez une plaque de plastique transparent sur l'un des côtés de l'enclos.

Tous au balcon

Il n'est pas indispensable que vous ayez un jardin pour leur faire prendre l'air. Ils apprécieront tout autant votre balcon ou votre terrasse, à condition toutefois de respecter certaines précautions.

› Le balcon ou la terrasse doivent être protégés du vent. Sinon, prévoyez quelque chose pour le couper.

› Sécurisez le bas du garde-corps avec des briques, des planches ou du grillage par exemple, pour les empêcher de tomber ou de se blesser.

› Prévoyez une protection contre le soleil (comme dans un jardin).

› L'abri est aussi nécessaire dans leur enclos que dans un jardin.

› Tendez un filet ou fixez un grillage tendu sur un cadre au-dessus de l'enclos pour les protéger des rapaces.

› Le carrelage est soit trop froid soit trop chaud et peut vite entraîner des rhumatismes. Recouvrez-le d'un tapis en paille de maïs ou en jonc *(voir p. 36)*.

› Prévoyez des aménagements variés pour que vos cochons d'Inde soient suffisamment stimulés.

. . . .
ATTENTION AUX INTRUS
. . . .

Visiteurs indésirables
Le cochon d'Inde est une proie potentielle pour la martre, le rat, le renard et le chat.

Sécurité
Mettez du carrelage ou du grillage fin sous l'enclos et recouvrez-le d'une épaisse couche de terre. Pour protéger l'enclos des intrusions par le haut, posez sur le dessus un grillage tendu sur un cadre en bois.
. . . .

UNE ACCLIMATATION EN DOUCEUR

Qu'on soit chat, chien ou cochon d'Inde, l'acclimatation à un nouvel environnement et la rencontre avec des étrangers (humains et congénères) est toujours un moment difficile et très stressant. Tout est nouveau et l'animal doit d'abord commencer par s'habituer. Un maître digne de ce nom doit avoir conscience de cette situation et traiter le nouvel arrivant

Tout commence par une inspection rigoureuse. Cette petite cabane en jonc tressé semble très intéressante.

avec infiniment de précautions. Les premiers jours, pas facile de savoir ce qui se passe dans la tête de ses cochons d'Inde. Ils n'expriment rien et restent immobiles dans la cage, apparemment insouciants. Mais ils sont extrêmement tendus. Leur cœur bat très vite et ils subissent une poussée d'hormone du stress. Les cochons d'Inde sont des petits êtres sensibles, et vous devez en tenir compte si vous voulez jeter les bases d'une relation heureuse et durable, qui vous apportera beaucoup de joies. J'aimerais insister une nouvelle fois ici sur l'importance de ne pas acheter un seul cochon d'Inde. Pour les jeunes, ce moment représente la première séparation d'avec ses

Une fois qu'il est habitué à son maître, plus besoin de friandise pour le faire sortir de sa cage.

congénères, ce qui déclenche un sentiment de peur et d'abandon. À plusieurs, ils peuvent se soutenir en partageant la même épreuve. Les premiers instants sont importants. Tout commence avec le voyage vers leur nouvelle maison.

Ménagez-les pendant le transport

Ne mettez-pas vos cochons d'Inde seuls dans un carton. Achetez plutôt une caisse de transport en plastique. L'investissement est important mais vous le rentabiliserez. Elle vous servira pour d'autres occasions, par exemple pour les emmener chez le vétérinaire ou jusque dans leur enclos dans votre jardin. L'avantage, c'est que les animaux peuvent s'y déplacer en toute liberté et qu'elle est mieux ventilée qu'un petit carton. Étalez un peu de leur ancienne litière au fond de la boîte. L'odeur les rassure un peu, car elle leur rappelle l'atmosphère sécurisante de leur ancienne cage. Dans la voiture, le mieux est d'installer la boîte sur un siège et de l'attacher avec la ceinture de sécurité. Évitez le coffre, qui n'est pas assez bien ventilé.

L'arrivée dans leur nouvelle maison

Les voici arrivés chez vous. Voici quelques conseils pour gérer ce moment délicat.

✿ **DÉTOURNER LEUR ATTENTION.** Faites-leur visiter leur nouvelle maison de fond en comble en les attirant avec des petits morceaux de carotte. Ne les dérangez pas, mais observez-les attentivement. Dès qu'ils acceptent de boire et de manger, le premier obstacle de l'acclimatation est franchi.

✿ **AIDEZ-LES À S'ACCLIMATER.** Évitez les claquements de portes, les sons aigus et perçants, et l'agitation alentour. Tant qu'ils sont encore timides et qu'ils s'effrayent facilement, ne les attrapez pas et ne les mettez pas sur votre bras. Évitez d'allumer et d'éteindre sans arrêt la lumière. La première semaine, nettoyez uniquement les endroits les plus sales de la cage. Leur mauvaise odeur les rassure et leur donne le sentiment d'être chez eux.

Comment les apprivoiser : 4 étapes clés

Comment apprivoiser rapidement votre cochon d'Inde ? C'est la question qu'on me pose le plus souvent. À juste titre, car un cochon d'Inde apprivoisé apporte beaucoup plus de joies.

✿ **GAGNEZ SA CONFIANCE.** Ne forcez pas votre cochon d'Inde à faire quoi que soit. Laissez-le venir spontanément vers vous. Parlez-lui à voix basse et laissez la cage fermée. Imitez les sons qu'il produit. Aucun cochon d'Inde ne peut résister à quelqu'un qui parle sa

« langue ». L'idéal est de mettre votre visage à hauteur de votre animal. Vous paraîtrez moins grand et il se sentira moins menacé.

✿ **APPROCHEZ-LE DÉLICATEMENT.** Frottez vos mains avec la litière de la cage et attirez-le avec une carotte. Passez la carotte à travers le grillage et dites-lui : « Bien », en prolongeant la fin du mot. Il s'habituera ainsi à votre voix et se rendra compte que vous êtes associé à quelque chose de positif. Pendant qu'il mange, touchez-le. Après plusieurs approches de ce genre, vous pouvez le caresser.

✿ **LES FRIANDISES FONT DES MIRACLES.** Votre cochon d'Inde ne vous associe qu'à des sensations positives et agréables. Confortez-le dans cette expérience en l'attirant hors de la cage avec une friandise (morceau de carotte ou brin de persil, par exemple). S'il sort sans hésiter, grattez-lui doucement le dessous du menton.

✿ **SCELLEZ VOTRE PACTE D'AMITIÉ.** Maintenant que la glace est rompue, consolidez votre relation. Continuez à l'apprivoiser en l'attirant deux à trois fois par jour hors de la cage et en le caressant. Au bout d'un moment, votre cochon d'Inde cherchera votre présence. Il ne refusera jamais les papouilles. Surtout s'il y a une friandise à la clé.

APPRIVOISER

FAIRE CONNAISSANCE

Laissez à votre petit compagnon le temps de se familiariser avec son nouvel environnement et de faire connaissance avec vous. Installez-vous près de la cage, en laissant, dans un premier temps, la porte de celle-ci fermée. Parlez-lui doucement et imitez les bruits qu'il fait. Ne le forcez à rien.

UN PEU DE SÉDUCTION

Chez le cochon d'Inde, l'amour passe essentiellement par l'estomac. Frottez-vous les mains avec un peu de litière pour qu'elles n'aient pas une odeur étrangère. Tendez-lui ensuite un morceau de carotte ou un brin de persil à travers la porte fermée. Parlez-lui à voix basse. Au bout d'un moment, faites la même chose porte ouverte.

LA CONFIANCE EST LÀ

Désormais, votre animal vous connaît très bien et vous associe à quelque chose de positif. Ouvrez la porte de la cage et installez un passage (petit pont en osier, par exemple) entre l'ouverture et le sol. Attirez-le hors de la cage avec une friandise. S'il s'approche joyeusement, c'est gagné !

RELATION DE CONFIANCE

La recette d'une cohabitation harmonieuse entre l'homme et le cochon d'Inde est simple : apprenez à comprendre l'animal, tissez dès le départ un lien de confiance, laissez-lui de l'espace et donnez-lui tous les jours l'occasion de courir en liberté, en le stimulant à la fois physiquement et intellectuellement.

LA BONNE TACTIQUE

+ *Créez le contact dès le début avec lui en lui parlant doucement et en le séduisant avec une friandise.*

....

+ *La voix de son maître et le babillage des autres membres du groupe le rassurent.*

....

+ *L'exploration d'un nouvel environnement développe sa curiosité. Très appréciées : les pelouses avec des cailloux, du bois, des trous et des galeries.*

....

+ *Occupez-vous de lui. Faites-lui, par exemple, franchir un obstacle en l'attirant avec une friandise.*

....

- Le cochon d'Inde est actif le jour, mais s'octroie à certaines heures une petite sieste. Ne le dérangez pas quand il se repose.

- Évitez les claquements de porte sonores, la musique très forte, les sons et les cris perçants à proximité de votre compagnon.

- Ne le laissez jamais en plein soleil ou sous une lumière aveuglante. À l'intérieur comme à l'extérieur, prévoyez des coins d'ombre.

- Ne le forcez pas à faire quoi que ce soit. Ne le punissez pas ! Prenez-le toujours avec délicatesse sur votre bras.

LA REPRODUCTION

Pouvoir observer des petits cochons d'Inde est une expérience merveilleuse. La parade et l'accouplement, la naissance, la relation de la maman avec ses petits, la façon dont ils grandissent... Autant d'événements que j'ai vécus et qui m'ont permis d'approfondir mes connaissances sur la biologie du cochon d'Inde. Je n'aurais raté cela pour rien au monde. Mais avant de vous enthousiasmer à votre tour, réfléchissez à ce que vous ferez de votre progéniture. Ne brûlez pas cette étape, car trop de cochons d'Inde errent d'un maître à l'autre et finissent par atterrir dans

Une fois qu'il est habitué à son maître, plus besoin de friandise pour le faire sortir de sa cage.

un refuge. Ces changements constants sont terribles et extrêmement stressants pour eux. Par conséquent, soyez certain de vraiment vouloir accepter ce surplus de travail et cette responsabilité.

Une stratégie de survie

Le cochon d'Inde domestique est aussi prolifique que son cousin sauvage. Dans la nature, cette abondance correspond à une stratégie de survie dans la mesure où les cochons d'Inde ne sont pas très armés pour se défendre contre leurs ennemis. Ils sont facilement la proie des rapaces et des petits prédateurs. Il est donc indispensable pour eux de faire beaucoup d'enfants. Cette stratégie classe l'espèce parmi les rongeurs les plus nombreux d'Amérique du Sud. Les femelles atteignent la maturité sexuelle dès l'âge de quatre semaines. Malheureusement les femelles fécondées trop tôt risquent souvent de mettre au monde des petits malformés. Il est donc préférable de mettre temporairement les jeunes femelles et les mâles dans des cages séparées.

REMARQUE. Vérifiez bien l'état de santé des parents. Car faire des petits implique une dépense d'énergie importante. Avec trois petits – chacun

....
LA SÉPARATION : À QUEL MOMENT ?
....
Pour moi, le bon moment pour donner les petits, c'est deux semaines après leur sevrage. Pendant leur enfance, ils apprennent les règles de la vie en société et trouvent leur place au sein de leur groupe. Pour le mâle, cette période est particulièrement importante.
....

pesant de 60 à 80 g à la naissance – la mère porte déjà en gros un tiers de son poids.

Conquérir sa dulcinée

La parade nuptiale n'a rien de romantique. Pas de cadeaux à la fiancée. Pas de cartons d'invitation non plus. Le mâle en vient relativement vite aux faits. Il flaire le museau de la femelle, lui renifle la tête, les flancs, le dos et le sexe, lui donne des coups de museau dans les côtes. Il tourne au ralenti autour d'elle et lui présente régulièrement ses parties génitales pendant une fraction de seconde en roucoulant. S'il arrive à la séduire, il peut alors la saillir. La femelle montre qu'elle est consentante en tendant les pattes arrière et en relevant le postérieur. L'accouplement est très bref (entre 15 et 30 secondes). Chez les animaux, cette durée n'a rien d'exceptionnel. Même les chimpanzés, qui sont nos plus proches cousins, ne font pas durer le plaisir. Après l'accouple-ment, les cochons d'Inde se lèchent les parties génitales. Ils attendent au moins une minute pour s'accoupler à nouveau. Pour être sûr de bien être le père de la future progéniture, le mâle bouche le vagin de la femelle avec un bouchon de mucus. Celui-ci tombe au bout de quelques secondes. Si la femelle n'est pas consentante, elle arrose le mâle d'un jet d'urine. Cette douche a généralement un effet immédiat : le mâle bat en retraite. La femelle n'est consentante que quelques secondes. Si elle n'est pas saillie, de nouveaux ovules arrivent à maturité 16 jours plus tard et le jeu peut reprendre.

Des petits prêts à marcher

La gestation dure en moyenne 68 jours. En général, la portée comporte entre deux et quatre petits. Les enfants uniques sont rares. Quand elle est sur le point de mettre bas, la maman cherche un endroit calme et protégé. Mais, à l'inverse de la plupart des rongeurs, elle ne se construit pas de nid ni de terrier. Assister à une naissance est un coup de chance, car le comportement de la femelle qui va mettre bas ne livre quasiment aucun indice. Mes cochons d'Inde n'ont jamais eu de problèmes pour mettre bas. En général, tout était fini – ou presque – au bout d'une demi-heure. Le comportement des autres occupants de la cage était étonnant. Ils restaient pendant tout ce temps parfaitement muets. Les nouveau-nés poussent un cri faible.

🐾 **LA MISE BAS.** Les douleurs commencent 20 minutes environ avant la naissance. La femelle

À la naissance, le cochon d'Inde est la version miniature de ses parents. La maman ne l'allaite que trois semaines.

s'accroupit, les pattes arrière écartées. Le nouveau-né sort d'abord la tête. La maman le tire ensuite en l'attrapant par le ventre et déchire elle-même le placenta.

🐾 **LES PETITS SONT LÀ.** À quoi ressemblent-ils ? Aux adultes, avec tous leurs poils, mais en plus petit. Même les dents de lait sont déjà présentes.

Rien d'étonnant donc à ce que la maman ne les couve pas. Elle les lèche pour les nettoyer et les allaite pendant trois semaines. Dès le premier jour, ils vont eux-mêmes chercher de la nourriture solide dans la mangeoire. Certes, la maman cochon d'Inde a moins à faire pour élever ses petits que les mamans des autres espèces animales. Mais sa grossesse n'en est que plus fatigante. Comme nous l'avons dit plus haut, elle met au monde des bébés déjà finis, ce qui implique une fatigue et une dépense d'énergie considérables. Par conséquent, sa ration devra comporter plus de produits frais et de granulés. Donnez-lui aussi 20 mg de vitamine C par jour. C'est environ le double de la dose habituellement

Le lien entre la mère et son petit est étroit. Si elle s'éloigne trop, le petit piaille pour se faire remarquer. Elle arrive alors immédiatement pour voir ce qui se passe.

nécessaire. Il est indispensable de lui imposer une pause. C'est pourquoi je vous conseille au maximum une ou deux portées par an.

❧ **REMARQUE.** Curieusement, la maman est de nouveau en chaleur peu de temps après la naissance de ses petits. Vous devez donc séparer les parents dans l'heure qui suit la mise bas. Si vous voulez être absolument sûr qu'il n'y aura pas de nouveau rapport sexuel, séparez-les deux jours avant le terme prévu.

Le développement des petits

Dès la naissance, les petits cochons d'Inde sont déjà suffisamment autonomes pour explorer le monde, debout sur leurs petites pattes, les yeux grands ouverts. Ils ne s'attardent pas dans le nid et savent déjà faire leur toilette tout seuls, et ils sont particulièrement habiles pour cela. Néanmoins, rien ne peut les empêcher de revenir de temps en temps auprès de leur maman téter leur goutte. Mais comment se partager deux tétines quand on est quatre ? C'est simple : s'il y a d'autres femelles dans la cage, les petits vont vers leur « tante » et se servent. En revanche, si la maman est seule, ils doivent patienter. Mais ce n'est absolument pas un problème pour eux. Au bout de 21 à 30 jours, la maman ferme définitivement le rideau : elle ne les allaite plus. Au sein de la fratrie, les liens sont très étroits. Les petits communiquent par des cris de contact. Les individus de même âge se regroupent entre eux. Ils dorment et se reposent collés les uns aux autres. La maman veille attentivement sur ses petits. Dès que l'un d'entre eux couine, elle

accourt. Les plus grands, quant à eux, jouent et inspectent tout. L'un de leurs jeux est particulièrement comique et toujours amusant à observer : ils se mettent d'un seul coup à faire des bonds sur place. L'enfance du cochon d'Inde ne dure pas longtemps. Entre la naissance et l'âge adulte, il ne s'écoule que quelques semaines. Les mâles atteignent la maturité sexuelle entre la 6e et la 10e semaine. À deux mois et demi, ils peuvent déjà se reproduire. Les femelles ont leur première ovulation au bout de quatre semaines. Le premier accouplement doit avoir lieu au plus tard au 12e mois.

ÉLEVER DES ORPHELINS

Nouveau-nés

Ils sont capables de manger tout seuls dès la naissance, mais ils ont besoin de lait maternel de substitution.

Lait de substitution

On connaît les bienfaits du lait de substitution. Vous trouverez la recette page 63, sous le titre « Carences nutritives ».

Fausses routes

Pour les éviter, faites boire les petits lentement.

LA FAMILLE
S'AGRANDIT

ACCOUPLEMENT

Il manque un peu de romantisme et n'a rien de très spectaculaire. Le mâle renifle la femelle, lui donne des coups de museau dans les flancs et tourne autour d'elle au ralenti. Il lui montre ses parties génitales en roucoulant. Quand la femelle est disposée à s'accoupler, elle tend les pattes arrière et soulève l'arrière-train. L'accouplement en lui-même ne dure que de 15 à 30 secondes.

PETIT DE TROIS JOURS

Les petits sont allaités jusqu'à trois semaines, mais ils sont capables de se nourrir tout seuls dès le premier jour. Peu de temps après la naissance, ils jouent déjà beaucoup. Ils adorent faire des bonds sur place. Ce jeu leur permet de se muscler et d'acquérir de l'adresse. Voir ces petites boules de poils sauter en l'air est un spectacle très amusant.

MÈRE ET ENFANT

Ce petit n'a que trois semaines et sa maman a déjà cessé de l'allaiter. Cela n'empêche pas celle-ci de garder un œil attentif sur sa progéniture.

Le bien-être assuré

Une bonne alimentation et des soins réguliers sont indispensables si vous voulez que vos cochons d'Inde restent en bonne santé. Mais ils peuvent tout de même tomber malades. Dans ce cas, n'hésitez pas à demander immédiatement conseil à un vétérinaire. Plus le diagnostic sera fait tôt, plus les chances de guérison seront grandes.

UNE ALIMENTATION SAINE : LES BESOINS DU COCHON D'INDE

Que l'on soit homme ou animal, la santé dépend de la nourriture que l'on a à sa disposition. Un animal mal nourri a souvent le poil ou les dents en mauvais état. Mais qu'est-ce qu'une bonne alimentation ? Ce qui est bon pour une espèce animale peut être mauvais pour une autre. Le chocolat, par exemple, est bon pour nous (en quantité raisonnable) alors qu'il ne l'est pas pour le cochon d'Inde. L'explication se trouve dans l'histoire des espèces animales. Chaque espèce animale s'est adaptée au fil des millénaires à sa nourriture. Le cochon d'Inde est végétarien, le loup carnivore et nous, humains, omnivores. Les végétariens ont l'intestin plus long que les carnivores. L'intestin d'un cochon d'Inde mesure 2,50 m de long, ce qui est considérable. Par comparaison, celui de l'homme (qui est infiniment plus grand que le cochon d'Inde) ne mesure que 6 m.

Un végétarien pur

Les espèces végétariennes passent le plus clair de leur temps à manger. Mais les portions qu'elles ingurgitent à chaque prise sont relativement petites. C'est ce qui les différencie des carnivores. Le lion peut ainsi dévorer 20 kg de viande d'un seul coup. C'est la raison pour laquelle, il vaut mieux répartir la ration quotidienne de vos cochons d'Inde sur la journée et leur donner une petite quantité à chaque fois. Leur intestin a besoin d'aliments riches en fibres. S'il ne reçoit pas en permanence de la nourriture, le péristaltisme (mouvements de l'intestin) diminue du fait de la faiblesse de la musculature intestinale. Conséquence : il ne faut pas faire jeûner un cochon d'Inde. En revanche, que nous soyons humain, lion ou cochon d'Inde, nous avons tous besoin d'une certaine quantité de glucides, de lipides et de protéines. Ce sont eux qui fournissent l'énergie qui nous anime. Ils sont indispensables au renouvellement de notre organisme. Le cochon d'Inde est un pur végétarien, qui ne tolère que les protéines végétales. Vous ne rendriez pas service à vos cochons d'Inde si vous leur proposiez du yaourt, du fromage blanc ou des boulettes de viande.

Très important

Le cochon d'Inde a essentiellement besoin de foin. Le râtelier doit être plein en permanence. Il maintient le péristaltisme, car sa teneur en fibres est élevée. Autre intérêt : le fait de mâcher sans arrêt évite que ses dents deviennent trop longues. Pour ma part, j'achète surtout du foin sauvage pour que mes animaux puissent consommer des plantes variées. Vérifiez bien l'étiquette de l'emballage du foin que vous achetez pour qu'il ait une composition variée et qu'il ne soit pas trop vieux. Le vieux foin dégage beaucoup de poussière, sa valeur nutritive est faible et il sent le moisi. J'achète le mien dans une animalerie et je n'ai jamais été déçu. On peut aussi acheter différentes herbes séchées et les mélanger soi-même au foin.

🌿 **REMARQUE**. Évidemment, vous pouvez aussi récolter vous-même vos plantes. Mais attention ! Ne cueillez aucune plante en bordure d'une route très passante. Les gaz d'échappe-

ment toxiques sont mauvais aussi bien pour les plantes que pour la santé de vos cochons d'Inde. Les herbes des champs recevant beaucoup d'engrais sont également mauvaises pour leur santé. Vous pouvez fréquenter sans risque les terrains vagues, les friches, les vieux cimetières ou encore les remblais des voies de chemin de fer et les prairies naturelles des zones protégées. Vérifiez bien que vos herbes ne sont pas toxiques pour vos cochons d'Inde (*voir encadré ci-dessous*). Vous trouverez plus de détails sur les plantes toxiques sur Internet (*voir « Adresses » p. 88*).

De la verdure

Même en leur donnant beaucoup de foin, vous ne couvrirez pas les besoins énergétiques de vos cochons d'Inde. La raison est facile à comprendre.

🌿 **LE FOIN EST COMPOSÉ D'HERBES SÈCHES.** Pendant leur séchage, de nombreuses substances nutri-

LES PLANTES TOXIQUES

Limitez-vous aux plantes dont les effets sont connus. Proscrivez les plantes suivantes :

Plantes d'extérieur

Adonis, acacia, ancolie, azalée, mercuriale, lierre, if, aconit, brugmansia, glycine, cytise, renonculacées, colchique, pervenche, laurier-cerise, crocus, lilas, solanacées, sceau de Salomon, datura, genévrier, euphorbiacées.

Plantes d'intérieur

Cyclamen, ficus benjamina, euphorbia, dieffenbachia, fougères, hoya, érythrine corail, laurier-rose, poinsettia.

tives se sont déjà évaporées. Le foin contient par exemple trop peu de protéines, de lipides, de glucides, de vitamines et de sels minéraux.

🐾 **FRAIS ET JUTEUX.** La verdure est indispensable dans une alimentation saine, car elle contient des protéines, des glucides, des lipides, des vitamines et des nutriments. Sachez aussi que la valeur nutritive des jeunes plantes est beaucoup plus élevée que celle des plantes plus âgées. Et qu'abondance peut nuire. Le danger existe surtout au printemps, car la verdure de cette période contient beaucoup de protéines et peu de fibres, ce qui peut entraîner des problèmes digestifs. Par conséquent, habituez doucement vos cochons d'Inde aux aliments verts juteux. Faites particulièrement attention aux vitamines car, comme nous, ils ne sont pas capables de la synthétiser. Ils ne peuvent la trouver que dans leur nourriture. Pour plus de sécurité, je vous conseille de leur donner de la vitamine C (vous en trouverez en pharmacie, en animalerie ou chez votre vétérinaire), surtout les mois d'hiver, où il est plus difficile de se procurer de la verdure.

🐾 **SAVOUREUX.** En matière de verdure, le menu de mes cochons d'Inde varie avec les saisons. J'essaie d'acheter mes produits sur le marché et je les lave soigneusement à l'eau tiède. Ils apprécient particulièrement les feuilles de pissenlit (je ne leur en donne pas trop, car elles contiennent beaucoup de calcium et de protéines), les carottes, le concombre, les brocolis, les feuilles de chou-fleur, les épinards, les courgettes, le céleri, le mouron blanc, la menthe, le tussilage, le souci et la camomille. Ils aiment aussi l'endive, la laitue et la batavia.

our leur procurer de la verdure à l'intérieur, urtout l'hiver, il suffit de planter des herbes ans un pot.

Pas facile d'attraper ces morceaux de nourriture appétissants. L'exercice – un bon remède contre l'ennui – exige de la patience et de l'habileté.

Ils ne raffolent pas des fruits. Je leur en propose régulièrement, mais j'ai peu de succès. De temps en temps, ils mangent tout de même un morceau de pomme ou de poire. Pour couvrir leurs besoins en minéraux, je leur donne une pierre à sel qu'ils lèchent quand ils veulent.

✺ **REMARQUE.** Les endives ne doivent être données qu'en petites quantités ! Attention au chou et au trèfle, qui peuvent provoquer des ballonnements.

Pour ou contre la nourriture complète

La question fait débat. Les adversaires de la nourriture complète (graines en mélange ou extrudées) prétendent qu'elle fait trop grossir les cochons d'Inde et qu'elle est moins saine que la nourriture maison. Pour ma part, je n'ai jamais eu de mauvaise surprise. Ce qui compte, c'est de ne pas leur en donner trop. Ne leur en proposez pas plus d'une à deux cuillères à soupe par jour chacun. En général, ce type de nourriture contient du blé, de l'avoine, du maïs, des graines de tournesol, des noisettes et des petits granulés de foin enrichi en vitamines et sels minéraux. N'achetez pas vos graines en trop grande quantité, car elles pourrissent vite. L'appellation « nourriture complète » est trompeuse : elle sous-entend que les cochons d'Inde n'ont besoin de rien d'autre. Ce qui est faux, puisqu'ils ont toujours besoin de leur ration quotidienne de foin et de verdure.

Un grignotage indispensable

Les dents des rongeurs poussent toute leur vie. Si elles sont trop longues, elles les gênent pour manger et peuvent provoquer des blessures. Il est donc indispensable de leur donner quelque chose à grignoter pour user leurs dents. Personnellement, je donne à mes cochons d'Inde des rameaux de pommier, de poirier, de tilleul et de bouleau non traités et du pain dur. De temps en temps, vous pouvez aussi leur donner une friandise sous forme de bâtonnet à ronger (vendu en animalerie). Mais n'en abusez pas. Même s'ils en raffolent, elles contiennent beaucoup de sucre, et donc trop de calories, ce qui entraîne vite un surpoids néfaste.

De l'eau et rien d'autre

Le jus contenu dans la verdure qu'ils mangent ne suffit pas. Vos cochons d'Inde ont aussi besoin de boire environ 100 ml d'eau fraîche par jour. Le biberon d'eau doit toujours être accessible. En cas de grosse chaleur, vous les verrez le téter avec avidité. Nettoyez bien la partie métallique du biberon tous les jours pour éviter que des germes ne s'y développent.

IL SOUFFRE D'EMBONPOINT

CAUSES	Si votre cochon d'Inde est trop gros, cela peut être dû à plusieurs causes : nourriture trop abondante, friandises pas très saines, manque d'exercice ou stress. La cause peut même être génétique. Il peut aussi faire du gras à cause du « souci » que représente la vie quotidienne avec des étrangers.
QUE FAIRE ?	Commencez par lui donner moins à manger. Supprimez les bombes caloriques que sont les friandises. Essayez de piquer sa curiosité pour qu'il bouge davantage et perde naturellement ses petits bourrelets de graisse *(voir à partir de la p. 69)*.
À ÉVITER	Vous ne devez en aucun cas affamer votre cochon d'Inde. Il doit avoir de la nourriture à sa disposition tout au long de la journée, mais en petites quantités.
POIDS IDÉAL	Un cochon d'Inde adulte peut peser entre 900 g et 1,5 kg. S'il mange de façon adéquate et s'il fait de l'exercice quotidien, pas d'inquiétude !

MON COCHON D'INDE EST-IL PROPRE ?

Les animaux domestiques ont besoin d'un humain pour prendre en main leur hygiène. Dans la nature, ils règlent ce problème eux-mêmes et ils s'en sortent bien. Vous avez déjà vu des animaux sauvages couverts de crasse ? Même quand, par exemple, un animal prend un bain de boue, il le fait pour se nettoyer. Une bonne hygiène est aussi importante qu'une bonne

Les longs poils du Shelty doivent être peignés et brossés plusieurs fois par semaine pour éviter qu'ils ne feutrent.

alimentation. L'hygiène de vos cochons d'Inde, c'est aussi bien leur toilette que le nettoyage de leur cage et de leur enclos. Leur nettoyage régulier – ainsi que celui des accessoires – est indispensable si vous voulez qu'ils restent en bonne santé. Car les virus, les bactéries et les champignons auraient vite fait de proliférer, et vos compagnons attraperaient rapidement toutes sortes de maladies.

Le nettoyage de la cage et de ses accessoires

Voici comment je procède. Je nettoie tous les jours les mangeoires et les biberons à l'eau chaude. L'idéal pour nettoyer les biberons est un écouvillon. Pour la pipette métallique, j'utilise un Coton-Tige. En 10 minutes maximum, j'ai terminé et mes cochons d'Inde peuvent boire et manger dans des récipients propres. Une fois par semaine, c'est le grand ménage. Je change la litière et je nettoie toute la cage et ses accessoires. Pendant ce temps, je les laisse gambader dans la pièce ou dans leur enclos extérieur, suivant le temps. J'utilise uniquement une brosse et de l'eau chaude, pas de produit vaisselle ni de produit de nettoyage toxique. Je passe les jouets, les briques et les cloisons à l'eau chaude et je les nettoie à la brosse. Pour les saletés trop incrustées, j'utilise de l'acide citrique dilué ou du vinaigre. Je mets les écuelles en plastique et le grillage dans la baignoire ou sous la douche et je les asperge d'eau très chaude.

Les soins du corps

Les soins dépendent de la race de vos cochons d'Inde. Les poils longs exigent beaucoup d'entretien ; les poils courts sont assez faciles à entretenir. Mais tous nécessitent un minimum de soins. Avant de commencer, apprenez à les attraper et à les porter correctement. Chez la plupart des animaux, ce n'est pas un problème, mais le cochon d'Inde exige des précautions du fait de son gabarit. Quand vous le soulevez de terre, prenez-le par-dessous, au niveau de la poitrine, et soutenez l'arrière-train avec l'autre main *(voir photo p. 46)*. Pour le porter, mettez-le sur votre bras. Celui-ci doit être replié contre votre buste de manière à ce que le cochon d'Inde ne glisse pas sur le côté. Faites un garde-corps de l'autre côté avec votre main.

ENTRETIEN DU PELAGE. Les cochons d'Inde à poil lisse ne doivent être peignés et brossés que s'ils sont très sales. En général, ils se nettoient tout seuls. Avec les cochons d'Inde à poil long, ce n'est pas la même chanson. Ils doivent

Les cochons d'Inde adorent les cabanes en jonc tressé. Ils peuvent les grignoter sans danger, s'amuser à rentrer et sortir ou s'y cacher pour observer ce qui se passe dehors.

être peignés plusieurs fois par semaine avec un peigne à dents larges et brossés avec une brosse souple. Pour cela, installez votre cochon d'Inde sur une serviette chaude, soit sur la table soit sur vos genoux. Il va adorer. Passez la main de l'arrière vers l'avant. Cela vous permettra de repérer les éventuels problèmes de peau ou les poils feutrés. Les poils très feutrés doivent être tondus dans les règles de l'art par un vétérinaire. Mais n'attendez pas d'en arriver là. Vous pouvez très bien – surtout l'été – lui raccourcir le poil.

GRIFFES. Surveillez bien leur longueur, car les cochons d'Inde peuvent souffrir s'ils ont les griffes trop longues. En général, elles s'usent d'elles-mêmes sur un sol dur et il faut attendre un moment avant d'être obligé de les recouper. La première fois, demandez à votre vétérinaire de vous montrer comment faire.

DENTS. Les incisives poussent toute la vie. Ce qui est un avantage dans la nature peut devenir un inconvénient chez un animal de compagnie. S'il n'a pas assez de choses dures à manger, les dents peuvent finir par pousser en se recourbant vers l'intérieur. L'animal a alors du mal à manger. Par conséquent, contrôlez régulièrement les dents de vos cochons d'Inde et donnez-leur suffisamment de choses à grignoter *(voir photo p. 55)*. Si leurs dents sont trop longues, faites-les limer par un vétérinaire.

YEUX, OREILLES, NEZ. Retirez soigneusement toutes les croûtes avec un mouchoir humide et tiède. Attention : si cet état persiste, consultez sans attendre un vétérinaire.

CONTRÔLE DU POIDS. Le poids de vos cochons d'Inde est un bon indicateur de leur état de santé. Par conséquent, pesez-les régulièrement *(voir photo p. 64)*. Comme les autres animaux et comme les humains, les cochons d'Inde en surpoids finissent pas avoir des problèmes de santé *(voir p. 57)*. Mais si l'un de vos cochons d'Inde perd jusqu'à 10 % de son poids en quelques jours, vous devez intervenir. Soit il y a un problème dans le groupe, soit il est trop stressé, soit il est malade. Consultez un vétérinaire.

TOUS LES JOURS	Lavez les biberons et les mangeoires à l'eau chaude. N'utilisez pas de liquide vaisselle ! Contrôlez les dents, l'anus, les yeux, le nez et les oreilles. Les cochons d'Inde à poil court se nettoient tout seuls mais ils aiment bien qu'on les masse en les brossant avec une brosse souple en poil naturel. Brossez et peignez les cochons d'Inde à poil long.
TOUTES LES SEMAINES	Nettoyez la cage et ses accessoires à l'eau courante chaude. Séchez-les bien. Changez entièrement la litière. Nettoyez les biberons avec un écouvillon. Pour les pipettes métalliques, utilisez un Coton-Tige. Remplacez la litière de la « caisse à remue-ménage » *(voir photo p. 68)*.
TOUS LES MOIS	Si de l'urine solidifiée s'est agglutinée au fond du bac, vous pouvez la dissoudre avec de l'acide citrique dilué (disponible en pharmacie) ou la faire ramollir avec du vinaigre. Lavez ensuite le bac à l'eau chaude et séchez-le bien.
SI NÉCESSAIRE	Après une maladie, il n'est pas inutile de désinfecter la cage et ses accessoires avec un désinfectant doux. Demandez conseil à votre vétérinaire.

LES MALADIES

Si leurs conditions de vie sont bonnes et que vous leur prodiguez tous les soins nécessaires, vos cochons d'Inde doivent être à l'abri des maladies. Qui plus est, ils sont par nature robustes. J'élève des cochons d'Inde depuis de nombreuses années et je suis rarement allé chez le vétérinaire. Mes chiens et même mes perruches ondulées sont plus souvent malades. Néanmoins, si vous constatez que l'un de vos compagnons est plus apathique ou ne se comporte pas comme d'habitude, n'hésitez pas. Emmenez-le chez le vétérinaire. Les cochons d'Inde ont un métabolisme élevé, comme en témoignent plusieurs chiffres : le cœur (2,1 g) bat au rythme de 230 à 380 pulsations par minute. C'est beaucoup plus que chez l'homme (50 à 80 pulsations par minute en moyenne). La température du corps se situe entre 37,9 et 39,7 °C. Ce métabolisme est également responsable de la vitesse à laquelle les agents pathogènes se propagent dans l'organisme. La moindre petite infection peut être mortelle. Le mot d'ordre est donc le même que pour nous : mieux vaut prévenir que guérir.

› L'exercice physique est primordial, car les cochons d'Inde ont tendance à grossir. Faites-les bouger.

Pour administrer un médicament liquide, l'idéal est d'utiliser une pipette que l'on introduit par le côté de la bouche. Votre vétérinaire vous montrera comment faire.

› Mettez-les dans leur enclos extérieur le plus souvent possible. Le grand air renforce leurs défenses et il est bon pour le pelage, la peau et les poumons.

› Les cochons d'Inde élevés seuls sont sujets au stress et aux maladies. La solitude ne convient pas à ces animaux.

› Ne modifiez pas la composition du groupe. L'harmonie au sein d'une tribu est primordiale pour le bien-être et la santé de chacun.

› Attention aux carrelages froids et humides – surtout sur les balcons.

› L'hygiène est importante. Les restes de nourriture et les déjections qu'on laisse traîner constituent un foyer idéal pour les agents pathogènes.

› La litière ne doit jamais être mouillée.

Savoir reconnaître les maladies

Comment savoir si un cochon d'Inde est malade ou ne va pas tarder à l'être ? Dans ce petit guide, je ne peux évidemment évoquer que les symptômes les plus courants, et brièvement (lire « Les maladies les plus fréquentes… », p. 66). Le diagnostic précis devra être posé par le vétérinaire. Voici les cas où un cochon d'Inde a besoin d'aide.

› Il mange et boit nettement moins que d'habitude.

› Il a perdu environ 10 % de son poids total au cours des trois derniers jours.

› Il est apathique.

› Il a de la fièvre (la température normale se situe entre 37,9 et 39,7 °C). Prenez sa température avec un thermomètre digital, vous aurez moins de mal à la lire. Enduisez l'extrémité avec un peu de crème pour les mains avant de l'introduire doucement dans l'anus.

REMARQUE. Ne traitez jamais vos cochons d'Inde avec des médicaments provenant de votre propre armoire à pharmacie. Cela peut être dangereux pour eux. Certes, la plupart ont été testés sur des animaux, mais on sait rarement sur quelle espèce. La première mesure à prendre en cas de rhume, c'est de placer l'animal sous une lampe à infrarouges, afin de stimuler son métabolisme et sa circulation sanguine. Mais la lampe ne doit éclairer qu'un côté de la cage pour lui permettre de se mettre au frais ailleurs s'il en a envie. Pour éviter les risques de contamination, séparez le malade du reste du groupe et installez-le dans la caisse de transport ou dans une autre cage.

Comment jouer les infirmiers ?

TRANSPORT CHEZ LE VÉTÉRINAIRE. C'est dans une caisse de transport (disponible en animalerie) qu'il sera le mieux. Ajoutez une poignée de litière provenant de sa cage pour le rassurer. Si vous le prenez sur votre bras, il risque de paniquer très vite.

MÉDICAMENTS LIQUIDES. Pour administrer les gouttes prescrites par le vétérinaire, mieux vaut utiliser une pipette que l'on introduit sur le côté, derrière les incisives *(voir photo page de gauche)*. Maintenez le cochon d'Inde avec l'autre main.

POMMADE. Pour l'appliquer, utilisez un Coton-Tige. Demandez au vétérinaire de vous montrer quelle quantité appliquer et à quel endroit. N'appliquez jamais une pommade directement avec vos doigts, car l'animal risque de vous contaminer.

Les parasites

Comme tous les animaux, les cochons d'Inde sont infestés par des parasites. Ils peuvent provoquer de graves maladies de peau. Parmi ceux que l'on appelle « ectoparasites », citons les acariens, les puces et les mallophages. Leur apparition est souvent due à de mauvaises conditions d'élevage et à des carences alimentaires. Le néophyte connaît évidemment peu les dangers de ces ectoparasites. C'est la raison pour laquelle le diagnostic d'un vétérinaire est indispensable. Même si les puces et les mallophages sont peu dangereux, ils doivent être totalement éliminés. En revanche, les acariens peuvent être dangereux pour les cochons d'Inde. S'il est très infesté, l'animal peut en mourir. Les acariens font partie de la famille des arachnides et peuvent creuser des galeries sous la peau. C'est le cas de *Trixacarus caviae*, la gale du cochon d'Inde. Les démangeaisons incitent l'animal à se gratter. Sa peau se desquame et il se griffe. Des spécialistes pensent que l'infestation par les acariens peut être due à une faiblesse du système immunitaire. En général, le vétérinaire prescrit une injection de produit antiparasitaire et, en cas d'atteinte chronique, un shampooing avec lequel le cochon d'Inde doit être lavé.

Le bain thérapeutique

Ne baignez vos cochons d'Inde que si votre vétérinaire vous le prescrit. Personnellement, je plonge le cochon d'Inde dans un seau d'eau tiède. Il se met debout sur les pattes arrière et je lui soutiens les avant-mains de la main gauche. Seule la tête sort de l'eau, et je la frotte doucement avec du shampooing dilué. Faites attention à ne pas lui en mettre dans les yeux. Après le bain, je le sèche soigneusement et j'évite les courants d'air pour qu'il ne s'enrhume pas.

Une perte ou une prise de poids peut être un signe de maladie. Pesez régulièrement vos petits compagnons.

CONSEILS D'EXPERT

Mise en garde

Calme

Un cochon d'Inde malade a besoin de beaucoup de calme et doit être bien surveillé. Examinez-le plusieurs fois par jour et vérifiez sa respiration et son dynamisme.

Attention au coup de froid

Ne baignez votre petit compagnon que si le vétérinaire l'a prescrit, car les cochons d'Inde s'enrhument facilement. Mais ils n'ont rien contre une bonne petite douche sous la pluie quand ils sont dans leur enclos, au contraire. Elle élimine la poussière et la saleté et leur masse la peau. Ils savent d'instinct ce qui n'est pas bon pour eux et se mettent à l'abri quand ils sont trop mouillés.

Coprophagie

Ce qui peut vous paraître écœurant est absolument vital pour eux. Mais ils ne mangent pas n'importe quels excréments. Il s'agit des cæcotrophes, c'est-à-dire les selles molles et humides produites par le cæcum. Elles leur apportent les protéines dont ils ont besoin.

Mort

Quand un animal souffre d'une maladie incurable ou très douloureuse, il est préférable de la faire euthanasier par le vétérinaire.

symptômes	causes	traitement
Souillures dans la région anale et sur les pattes arrière ; il soulève souvent l'arrière-train.	**DIARRHÉE**. Après ingestion de nourriture avariée ou d'eau souillée, après un changement d'alimentation.	Foin et infusion de camomille légèrement sucrée ; ne pas attendre plus de 48 heures pour consulter un vétérinaire.
Démangeaisons importantes ; il se gratte et se mord ; zones dénudées circulaires.	**MYCOSE**. Dans presque tous les cas, il s'agit de formes persistantes de rhume.	Le diagnostic et le traitement incombent au vétérinaire ; il fera un prélèvement et le fera analyser.
Démangeaisons importantes, crises évoquant l'épilepsie, pellicules, peau de la tête, du cou et des épaules qui s'épaissit, griffures qui saignent, avec formation de croûtes.	**GALE** (agent : sarcoptes). Les démangeaisons sont la conséquence d'une réaction allergique à des parasites qui infestent la peau. Facteur déclenchant : stress, mauvaise hygiène et mauvaise alimentation.	Consultation impérative chez le vétérinaire, car il y a danger de mort si l'infestation est importante. Amélioration des conditions de vie à envisager.
Œdèmes au niveau de la tête, du cou, des épaules et du dos, d'un diamètre de 2 à 5 cm, rarement douloureux ; la peau de ces zones est souvent dénudée.	**ABCÈS, TUMEUR, KYSTES SÉBACÉS**. Ces trois causes sont possibles.	Le diagnostic et le traitement incombent au vétérinaire. Il propose la plupart du temps une ablation chirurgicale sous anesthésie générale.

symptômes	causes	traitement
Quantités ingurgitées faibles mais sans perte d'appétit, bave, poils collés à la commissure des lèvres.	**MALOCCLUSION DENTAIRE.** Elle touche surtout les molaires inférieures, qui se mettent à pousser par-dessus la langue jusqu'à se rejoindre.	Le diagnostic et le traitement incombent au vétérinaire.
Augmentation de volume des coussinets avec inflammation ; ils peuvent saigner et suppurer.	**PODODERMITE** (abcès des coussinets). Elle est souvent extrêmement difficile et longue à soigner.	Le diagnostic et le traitement (antibiotiques, chirurgie, emplâtres) incombent au vétérinaire.
Apathie ; il est couché sur le côté ; respiration saccadée, muqueuses bleutées.	**COUP DE CHALEUR.** Les cochons d'Inde ne supportent pas le plein soleil.	Mettre immédiatement l'animal à l'ombre. Plonger ses pattes dans une coupelle d'eau.
Abattement, tremblements, paralysie de l'arrière-main, détresse respiratoire.	**PARALYSIE DU COCHON D'INDE, INFECTION BACTÉRIENNE DES VOIES RESPIRATOIRES, INTOXICATION ALIMENTAIRE, PNEUMONIE VIRALE.** Toutes ces causes sont possibles.	Le diagnostic et le traitement incombent au vétérinaire.

L'activité : le secret de la forme

La nouveauté constitue une véritable activité pour les cochons d'Inde. Leur esprit et leur corps doivent être stimulés tous les deux pour lui éviter de « se rouiller ». Et ce n'est pas compliqué de leur offrir une vie intéressante et pleine de distractions. Voici quelques conseils pour « booster » vos petits compagnons.

LES COCHONS D'INDE SONT PLUS MALINS QU'IL N'Y PARAÎT

Contrairement aux rats, les cochons d'Inde ont mauvaise réputation. On considère généralement que leurs capacités d'apprentissage sont limitées et qu'ils sont un peu idiots. Mais il suffit de s'intéresser un peu à eux et de les rassurer pour se rendre compte qu'ils sont capables de faire preuve d'intelligence.

Vaincre la peur
Le cochon d'Inde est un animal qui fuit le danger, ce qui explique la grande prudence dont il fait preuve en toute occasion. Pour lui apprendre quelque chose, il faut commencer par lui faire surmonter sa prudence ou sa peur. Dès qu'il se sent en sécurité, il part volontiers à l'aventure. Il renifle tout ce qui lui passe entre les pattes. Chaque objet est inspecté par l'intermédiaire de ses incisives, quand il ne se perche pas pour mieux voir ce qui se passe autour de lui. Le cochon d'Inde est tout sauf idiot. Les miens ont, par exemple, appris en un clin d'oeil à sortir d'un labyrinthe compliqué, alors qu'on a longtemps considéré que cet animal en était incapable. Ils ont aussi su appuyer sur la touche de la bonne couleur pour recevoir de la nourriture en récompense, démontrant ainsi leur capacité à reconnaître les couleurs. Je le répète encore

une fois : la condition préalable, c'est qu'ils n'aient pas peur et se sentent bien. Si vous respectez cette règle, vous pourrez leur apprendre toutes sortes de tours. Pour les motiver, rien de tel qu'une petite friandise (carotte ou concombre). Ils comprendront très vite ce que vous attendez d'eux. Leur mémoire est également étonnante. Un an après avoir réussi l'exercice cité plus haut, les miens ont su reconnaître sans problème la bonne touche

Remplissez le râtelier-boule de foin ou de feuilles fraîches et fixez-le au plafond de la cage. Vos cochons d'Inde seront bien obligés de faire de l'exercice pour attraper ce qu'il y a dedans.

et appuyer dessus aussi vite qu'à la fin de leur « formation » l'année précédente. Ils étaient même encore capables de résoudre les tâches compliquées qui leur avaient été proposées un an avant. Ce qui prouve qu'on connaît mal cet animal. On a longtemps été loin d'imaginer qu'il pouvait s'ennuyer et devenir apathique du fait de la frustration que provoque chez lui le manque d'activité. Or l'ennui est un gros problème chez presque tous les animaux – de zoo ou domestiques – qui vivent sous la domination de l'homme. Dans la nature, les animaux doivent se procurer leur nourriture tout seuls, se protéger de leurs prédateurs ou se battre avec leurs rivaux. Un animal domestique ne connaît pas cela. L'activité est pour ainsi dire un substitut au mode de vie et aux tâches auxquels le cochon d'Inde est confronté dans la nature. Elle est indispensable si l'on veut élever correctement ses cochons d'Inde et les maintenir en forme, autant intellectuellement que physiquement.

Comment leur apprendre quelque chose ?

Vers l'âge de 9-10 mois, les cochons d'Inde sont particulièrement réceptifs aux apprentissages. C'est relativement tard comparé aux chats et aux chiens, par exemple. Si vous voulez apprendre quelque chose à l'un de vos petits compagnons, séparez-le des autres. C'est plus facile, car il n'est pas distrait par ses congénères.

❧ **RECONNAISSANCE D'UNE VOIX.** Les cochons d'Inde apprennent très vite à distinguer les voix. Pour tester cette capacité, quatre personnes sont nécessaires. Chacune doit se placer à un coin de la cage. Trois d'entre elles sont inconnues de l'animal ; la quatrième lui est familière. Cette dernière doit l'appeler avec la même intonation de voix que quand elle l'appelle pour lui donner à manger. Il ne faut généralement pas longtemps pour qu'il accoure vers elle, alors qu'il réagira à peine aux trois autres voix. On peut aussi apprendre à un cochon d'Inde à se diriger systématiquement vers l'endroit d'où provient le son le plus grave. Pour cela, il suffit de lui donner un petit morceau de carotte à chaque fois qu'il le fait. Si le son est aigu, ne rien lui donner. Au bout de cinq à dix fois, il aura compris ce qu'il doit faire.

❧ **TEST D'ORIENTATION.** Dans la nature, les cochons d'Inde sont obligés d'avoir un bon sens de l'orientation. Vous pouvez aussi faire appel à cette faculté chez vous. Construisez un système de couloirs en « Y » avec des briques, des planches ou des vieux livres. Les deux couloirs sont différents : l'un est recouvert de papier clair, l'autre de papier foncé. L'animal doit aller chercher sa nourriture, qui se trouve uniquement dans le couloir clair. Au bout de quatre ou cinq tentatives, il saura où se trouve la nourriture. Pour être certain qu'il se repère vraiment à la couleur du papier et pas seulement à sa droite ou à sa gauche, intervertissez les deux couloirs.

Les activités ludiques

Le jeu est un moyen d'apprendre des choses qui leur serviront tout le reste de leur vie. C'est surtout une façon de les faire travailler physiquement et intellectuellement, et d'exercer leur coordination sans contrainte ni danger. Les expériences qu'ils font très jeunes peuvent leur servir dans leur vie d'adulte. C'est essentiellement pour cette raison que les animaux jouent. Les cochons d'Inde ne sont, certes, pas les champions du règne animal dans ce domaine, mais ils font preuve de persévérance. Ils aiment les jeux d'adresse, faire des bonds en l'air et toutes sortes de cabrioles, ou encore courir en zigzags. Ils savent aussi jouer au chat et à la souris. Tour à tour chat et souris, ils se poursuivent jusqu'à épuisement et se reposent ensuite lovés l'un

JEUX

1 PARCOURS
Ce petit parcours est facile à réaliser : vissez quelques morceaux de branche sur une planche pour créer les obstacles.

2 SYSTÈME DE TUNNELS
Rien de tel qu'un tuyau d'évacuation pour se cacher ou se promener et, qui sait, découvrir un trésor sous forme de friandise à grignoter.

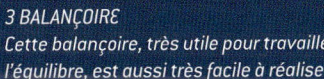

3 BALANÇOIRE
Cette balançoire, très utile pour travailler l'équilibre, est aussi très facile à réaliser.

contre l'autre. Le goût pour le jeu des animaux stérilisés, même quand ils vieillissent, est étonnant mais compréhensible, puisque c'est eux qui ont le plus de « temps libre ». Ils n'ont ni à rechercher un partenaire ni à élever des petits. Mais les cochons d'Inde se distinguent nettement des autres animaux qui vivent en groupe sur un point : ils ne jouent jamais à se battre. Chez de nombreuses espèces, ce jeu permet aux jeunes d'apprendre les règles de la vie en groupe. Mais chez le cochon d'Inde, l'apprentissage de la vie sociale se fait apparemment sur d'autres bases.

DES PROMENADES TONIQUES

Les cochons d'Inde ont tendance à faire du gras. C'est d'ailleurs pour cette raison que les Indiens d'Amérique les élèvent depuis des siècles – ils les mangent comme nous mangeons les porcs en Europe. Leur embonpoint est souvent source de problèmes. Leur excès de poids sollicite les jambes et les articulations, met le cœur à rude épreuve et entraîne des problèmes circulatoires. Les individus enrobés ont souvent le souffle court et une espérance de vie limitée. Les promenades hors de la cage favorisent le bien-être des cochons d'Inde, car elles leur permettent d'éliminer les grammes superflus. Par conséquent, même s'ils disposent d'une cage spacieuse, il est

conseillé de les laisser courir en liberté dans une pièce ou dans un enclos plusieurs heures par jour *(voir p. 36)*. Lorsque la température descend au-dessous de 10 °C, je vous conseille de ne pas les mettre dehors, sauf s'ils sont habitués à vivre à l'extérieur. La promenade journalière doit être intéressante. Prévoyez des occupations variées : odeurs à renifler, cloisons mobiles...

Des distractions pour lutter contre l'ennui

Les cochons d'Inde sont les champions de l'exploration. Il n'est pas étonnant que ces petits animaux aient servi à démontrer les effets des distractions – en l'occurrence un enclos plein de surprises – sur le cerveau des rongeurs. Le cerveau des cochons d'Inde est constitué de millions de cellules nerveuses. Elles forment en quelque sorte le disque dur qui fonctionne grâce à un « logiciel ». Ce logiciel, ce sont les connections entre ces cellules nerveuses, qui se font suivant un schéma et une fréquence variables. On a constaté que plus leur environnement était varié, plus les connections nerveuses étaient nombreuses. Mais on peut aussi multiplier ces connections en leur faisant apprendre des choses ou en leur offrant un environnement riche en distractions. À partir des connections de base, on peut donc créer un réseau toujours plus vaste. Les résultats des études scientifiques menées sur le sujet sont clairs et n'importe quel directeur de zoo sait qu'un enclos doit être conçu de manière à offrir des distractions aux animaux. Mais beaucoup de propriétaires d'animaux domestiques ignorent cette exigence. Des scientifiques de l'université de Berne (Suisse) ont étudié les effets des cloisons mobiles sur le comportement des animaux. Si l'on en place quelques-unes dans la pièce ou dans leur enclos, les cochons d'Inde deviennent plus curieux et bougent plus. Ils prennent plaisir à sauter pardessus – à condition qu'elles ne soient pas trop hautes. Ils peuvent sans problème faire des bonds de 10 cm pour les franchir. Ces cloisons mobiles présentent l'avantage d'être faciles à déplacer et à installer. Pour en créer une, il suffit de coincer une planchette entre deux briques (ou vieux livres).

Exercice de reconnaissance de formes : peignez, par exemple, un rond sur une mangeoire et un carré sur une autre, et mettez toujours la récompense dans la même (ici, on a choisi celle qui porte un rond).

COMMENT PROTÉGER VOS COCHONS D'INDE

BLESSURE ☑ Éloignez tous les objets pointus ou coupants (aiguilles, couteaux, punaises et plantes épineuses).

EMPOISONNEMENT ☑ Placez les plantes toxiques, les produits chimiques et les produits ménagers hors de leur portée.

PINCEMENT ☑ Faites attention de ne pas coincer l'un de vos animaux quand vous ouvrez ou fermez une porte.

ÉCRASEMENT ☑ Soyez prudent quand vos compagnons gambadent en liberté chez vous. Il n'est pas rare qu'un maître marche involontairement sur l'un de ses cochons d'Inde et le blesse gravement.

ÉLECTROCUTION ☑ Mettez les câbles électriques hors de leur portée.

CHUTE ☑ Ne mettez pas vos animaux sur une table. Sécurisez votre balcon ou votre véranda avec du grillage ou un filet.

COUP DE CHALEUR ☑ Les cochons d'Inde attrapent facilement un coup de chaleur (à partir de 26-27 °C, il faut les hydrater et les rafraîchir).

RHUME ☑ Sur un carrelage froid, les cochons d'Inde peuvent s'enrhumer. Pour éviter cela, installez-leur des tapis et des couvertures.

CONSEILS D'EXPERT

La meilleure façon d'apprendre

Durée de l'exercice
Apprendre quelque chose à son cochon d'Inde est aussi amusant pour lui que pour soi. Néanmoins, ne dépassez pas 15 minutes.

Fréquence
Faites deux séances par jour, avec une longue pause entre les deux.

Avant ou après les repas
Pour que les chances de réussite soient optimales, le cochon d'Inde ne doit ni avoir trop faim, ni être trop rassasié. Affamé, il risque d'être impatient.

Lieu
Le lieu où vous lui faites faire les exercices doit lui être familier. Un silence de mort peut l'angoisser et des cris aigus le faire paniquer. Adoptez le même comportement que d'habitude.

Punition
Il est totalement exclu de punir son cochon d'Inde. Cela ne sert à rien, sinon à l'angoisser. Il doit prendre plaisir à apprendre. Une récompense appétissante suffira à le motiver.

Rythme quotidien
Les phases de repos et d'activité se succèdent. En phase de repos, le cochon d'Inde a du mal à apprendre ou n'apprend même rien du tout.

Parcours de santé spécial cochons d'Inde

Voici quelques idées pour transformer en aventure les promenades de vos cochons d'Inde, à l'extérieur comme à l'intérieur :

❧ LABYRINTHE. Construisez un labyrinthe avec des tuyaux (rouleaux de carton, par exemple) et placez un petit morceau de carotte à l'une des extrémités. Chronométrez vos animaux et comparez le temps entre le premier et le dixième passage. Vous serez surpris de voir à quelle vitesse ils apprennent à le traverser. Disposez votre labyrinthe de façon différente et chronométrez-les à nouveau. Le jeu peut durer tant que vous et vos compagnons en avez envie. À l'extérieur, vous pouvez aussi utiliser des tuyaux d'évacuation (ils résisteront aux intempéries)

que vous emboîterez les uns dans les autres. C'est le terrain de jeu que les cochons d'Inde préfèrent *(voir photo p. 73)*.

❧ BALANÇOIRE. Ce jeu permet aux cochons d'Inde d'acquérir le sens de l'équilibre. Important : elle doit redescendre en douceur vers le sol quand ils passent dessus. Pour attiser sa curiosité, utilisez une friandise *(voir photo p. 73)*. Pour la construire, il vous faut un morceau de tronc de 16 cm de long et de 12 cm de diamètre environ, une planche de 2 cm d'épaisseur, 14 cm de large et 65 cm de long environ, et quelques morceaux de brindilles. Fixez ces dernières sur le dessus de la planche pour empêcher vos cochons d'Inde de glisser et pour les sécuriser.

❧ TOUR DE SURVEILLANCE. Disposez plusieurs briques (vous en trouverez dans n'importe

Quelle que soit leur forme, les cochons d'Inde adorent les tuyaux et les tubes (ici un morceau de bois évidé).

Ce jouet en bois peut à la fois être grignoté et utilisé comme appareil de gymnastique.

quelle boutique de matériaux) de la même taille en quinconce les unes sur les autres pour former un escalier. Si les arêtes sont vives, poncez-les. Égayez les briques en les peignant avec une peinture non toxique. Veillez à ce que votre escalier soit parfaitement stable.

PARCOURS D'OBSTACLES. Il permet aux animaux de travailler non seulement leurs muscles mais aussi leur adresse. Vous avez uniquement besoin d'une planche de 70 cm de long et de 14 cm de large pour le support, et de 4 morceaux de branche d'environ 4 cm de diamètre et 24 cm de haut. Vissez simplement ces derniers sur la planche *(voir photo p. 72)*.

CABANE EN JONC TRESSÉ. Vous en trouverez dans les animaleries. Mettez-en plusieurs à leur disposition, en variant les odeurs pour que cela soit plus intéressant. Frottez-en une, par exemple, avec de l'herbe fraîche et une autre contre le chien ou le chat. Laissez libre cours à votre imagination *(voir photo p. 59)*.

ARBRE À NOURRITURE. Mes cochons d'Inde adorent ça. L'idée vient de Monika Wegler, célèbre photographe animalier. L'objectif est d'obliger les animaux à aller chercher activement leur nourriture. Cette activité fait fureur dans les zoos. Cet arbre est constitué d'une fourche ou d'un cube percé de trous. La fourche ou le cube est vissé sur un socle en bois stable. On accroche ensuite sur l'arbre diverses friandises (carotte, persil, pissenlit...).

BOÎTE EN CARTON. Découpez des trous de formes différentes dans une boîte à chaussures fermée par un couvercle. Cet équipement ne

Quoi de plus merveilleux que de pouvoir respirer l'odeur de la nature. Cette magnifique fleur de pissenlit va faire les délices de notre petit gourmet.

Quand vous partez en voyage, préoccupez-vous à l'avance de trouver une personne de confiance pour s'occuper d'eux, car ils n'apprécient guère de changer d'environnement.

QUE FAIRE D'EUX PENDANT LES VACANCES

Qui ne se réjouit pas de partir en vacances ? Mais le plaisir peut être gâché si l'on ne prend pas la peine de prévoir une solution pour ses cochons d'Inde. En effet, les emmener avec vous n'est pas envisageable. En terrain étranger, ils vont être angoissés. Un conseil : ne séparez pas votre petite tribu ; ne la mêlez pas non plus à un autre groupe, celui de vos meilleurs amis, par exemple. Vous leur rendriez un mauvais service, car une tribu est un groupe bien organisé dans lequel chacun connaît son rôle. Une séparation peut détruire toute la structure de la tribu et vos cochons d'Inde n'arriveront plus à s'entendre et se battront quand vous les remettrez ensemble. Cette situation est surtout à craindre chez les mâles. Alors que faire si vous voulez partir ? Pour ma part, je préfère la garde à domicile. Je choisis une personne sur laquelle je peux compter, qui s'occupe d'eux et leur fait faire des activités tous les jours. Le mieux, ce sont évidemment les amis et les relations. Pensez-y à l'avance. Mais il arrive qu'on ne trouve personne qui ait le temps. J'ai déjà eu recours à des étudiants ou des lycéens qui veulent se faire un peu d'argent, et je n'ai jamais été déçu. Mais il faut bien leur expliquer ce qu'ils auront à faire. Demandez à la personne qui viendra s'occuper d'eux de venir vous observer afin de bien comprendre en quoi le travail consiste. Le mieux, c'est qu'elle prenne des notes sur les différentes tâches. De-

vous reviendra pas trop cher et leur procurera beaucoup de plaisir.

🐾 **CAISSE À REMUE-MÉNAGE.** Les cochons d'Inde adorent farfouiller bruyamment dans une caisse remplie de paille ou de feuilles bien sèches. Découpez une entrée près du sol dans le carton pour qu'ils puissent entrer et sortir facilement *(voir photo p. 68)*.

🐾 **PARCOURS DE FRIANDISES.** Répartissez des petits morceaux de carotte ou de concombre à différents endroits de votre appartement, de leur parc ou de leur enclos extérieur. Vous les obligez ainsi à se bouger et vous les récompensez avec des friandises saines.

mandez-lui de vous assister quatre ou cinq fois pour que les gestes deviennent une habitude et qu'elle apprenne à connaître vos compagnons. Si vous ne trouvez vraiment personne pour les garder, renseignez-vous auprès d'associations qui proposent des services de garde.

QUAND ILS SE FONT VIEUX

Comme tous les êtres vivants, les cochons d'Inde ne sont pas épargnés par le vieillissement. Mais le processus de vieillissement des animaux est très différent de celui des hommes. Il dure en général moins longtemps. La plupart des espèces animales peuvent se reproduire jusqu'à un âge avancé. Dès que cette faculté disparaît, la plupart meurent. Il y a rarement une mamie ou un papi pour participer à l'éducation des petits. Les chiffres concernant l'espérance de vie des cochons d'Inde sont très variables d'un ouvrage à l'autre. Elle oscille entre 5 et 15 ans. La durée de vie d'un organisme dépend bien sûr de son patrimoine génétique et de ses conditions de vie. Nous avons vu plus haut à quel point il était important de bien s'en occuper et de leur offrir un environnement social satisfaisant. S'ils sont élevés dans de mauvaises conditions, leur espérance de vie diminue considérablement, car ils sont sensibles au stress. Mes cochons d'Inde vivent en moyenne 9 ou 10 ans. Dans la nature, ils ne vivraient certainement pas si longtemps, car les signes de vieillissement qu'ils présentent les derniers mois en feraient des victimes toutes désignées.

🐾 **COMPORTEMENT.** Mes cochons d'Inde âgés se déplacent moins et plus lentement. Leur curiosité diminue de façon notable et ils sont plus calmes. Ils roucoulent, gloussent et crient moins.

🐾 **APPARENCE EXTÉRIEURE.** Elle se modifie aussi. Le pelage devient plus terne et ils perdent plus de poils. Je n'ai jamais remarqué de poils grisonnants comme chez le chien. Leurs yeux deviennent troubles et larmoyants. Du fait de cet écoulement, la pression oculaire se modifie, ce qui diminue certainement leur acuité visuelle. Leur système immunitaire est également affecté et les défenses diminuent, ce qui les rend plus sensibles aux maladies et aux parasites.

🐾 **À SURVEILLER PARTICULIÈREMENT.** Durant cette période, les cochons d'Inde ont des besoins particuliers. Veillez bien à donner à vos seniors (surtout aux femelles) suffisamment de sels minéraux et de vitamines. En dehors de cela, le régime alimentaire reste le même. Ne leur en demandez pas trop et ne les exposez pas inutilement au stress en les séparant, par exemple, de leur tribu. La meilleure chose pour eux, c'est le train-train quotidien. Heureusement, le reste du groupe supporte bien les individus âgés et ces derniers ne sont jamais désavantagés. Même pour manger, les petits ne les repoussent pas. Chose surprenante, les facultés intellectuelles des cochons d'Inde âgés restent intactes et ils sont même capables d'apprendre et de se souvenir. Évidemment, le processus de vieillissement diffère d'un individu à l'autre, mais il survient généralement tard et dure très peu de temps.

EN BREF

Les âges du cochon d'Inde

🐾 LE BÉBÉ

Le cochon d'Inde naît entièrement formé : il a tous ses poils, ses griffes, ses dents et les yeux ouverts. Il pèse entre 50 et 130 g et, 2 jours après sa naissance, il est déjà capable de manger de la nourriture solide. Dès les premiers jours, il développe des préférences pour certains aliments, d'où la nécessité de les varier. Vers 3-4 semaines arrive l'âge du sevrage. Le jeune mâle est déjà sexuellement mature. Vers 5-6 semaines, le jeune cochon d'Inde devient indépendant et vous aurez, à cette étape-là, un aperçu du caractère qu'il aura à l'âge adulte.

🐾 L'ADOLESCENT

L'adolescence du cochon d'Inde (à partir de 2-4 mois et jusqu'à 8 mois environ) est la période où la cohabitation pose le plus de problème : les mâles, comme les femelles, sont excités et les bagarres entre mâles sont assez fréquentes, car chacun veut s'affirmer au sein du groupe.

🐾 L'ADULTE

Biologiquement, un cochon d'Inde est adulte vers 4 mois environ : il a atteint un bon poids (environ 600-700 g) et peut se reproduire. Mais il continuera de grandir jusqu'à 18 mois. Morphologiquement, il est donc adulte vers 1 an seulement, quand son poids se situe aux alentours de 800 g/1 kg, voire un peu plus, et quand sa réserve adipeuse est harmonieusement répartie. Il s'assagit et vous pouvez vraiment le découvrir : est-il un dominé discret ou, au contraire, un dominant impitoyable... Avec vous, il apprend à communiquer pour se faire comprendre. C'est à cette période qu'il commence à s'attacher à vous.

🐾 LE COCHON D'INDE ÂGÉ

La vieillesse, chez le cochon d'Inde comme chez les humains, dépend des individus. Néanmoins, les femelles cessent de se reproduire vers 3 ans. On considère généralement qu'un cobaye devient âgé vers 4-5 ans. Il est alors beaucoup plus calme, il court moins. Mais il n'est pas rare que des cochons d'Inde seniors restent actifs longtemps, jusqu'à l'âge de 8 ans (pour plus de détails sur les soins à prodiguer aux cochons d'Inde âgés, se reporter à la page 81 de ce livre).

Le poids idéal

Le poids du cochon d'Inde dépend des facteurs suivants :

🐾 **SON ÂGE :** le cochon d'Inde atteint son poids maximal vers 2-3 ans, puis il perd un peu de son « gras ».

🐾 **SA VITESSE DE CROISSANCE :** certains cochons d'Inde atteignent en seulement quelques mois un poids de 800 g, alors que d'autres ont besoin d'une année entière pour arriver à ce poids.

🐾 **SA MORPHOLOGIE ET SON GABARIT :** certains cobayes sont assez massifs, d'autres sont plus menus.

🐾 **SA RACE :** certaines races, comme les Rex, sont plus massives.

🐾 **SON SEXE :** en général, les mâles ont tendance à être plus gras que les femelles, mais cela dépend des individus. Les mâles castrés sont toujours plus gros.

Alors, si votre cochon d'Inde adulte de 1 à 3 ans se situe aux alentours de 1 kg, il n'est pas obèse.

Donnez-lui une nourriture adéquate, veillez à ce qu'il soit en bonne santé et qu'il fasse de l'exercice quotidiennement !

Prise de poids

PROBLÈME. Mon cochon d'Inde adulte prend du poids de semaine en semaine.
CONSEIL. Réfléchissez à ses conditions de vie. La cage est-elle trop petite ? bouge-t-il suffisamment ? sa nourriture est-elle trop riche ? Si ce n'est pas le cas, la seule solution, c'est de consulter un vétérinaire.

Escapade

PROBLÈME. Mon cochon d'Inde s'est échappé de son enclos. Il a certainement peur et n'ose pas sortir de sa cachette.
CONSEIL. Pour le rassurer, faites-lui entendre un enregistrement des « bavardages » des membres de sa tribu à intervalles réguliers (quelques minutes) dans le jardin.

Griffes trop longues

PROBLÈME. Mon cochon d'Inde ne se déplace plus, car ses griffes sont trop longues.
CONSEIL. Prévoyez dans son parc ou dans son enclos une surface dure (carrelage, dalles de ciment) sur laquelle il pourra les user en marchant. Demandez au vétérinaire de vous montrer comment les couper.

Carences nutritives

PROBLÈME. L'une de mes femelles cochons d'Inde a eu deux petits, mais elle ne les laisse pas boire.
CONSEIL. Chez le cochon d'Inde, ce n'est pas très grave, car les petits peuvent aussi s'en sortir tout seuls en cas de besoin *(voir p. 49)*. Mais l'idéal est de leur donner du lait de substitution, que vous composerez selon la recette suivante : 700 g de lait de vache, 50 g de jaune d'œuf, 150 g de crème fraîche à 30 %, 50 g d'huile de tournesol, 20 g de mélange vitamines-sels minéraux et de la vitamine C. Donnez-en de 5 à 20 g par petit et par portion, deux à trois fois par jour. Réchauffez-le auparavant à la température de leur corps. Vous pouvez congeler le surplus par portions.

Disputes

PROBLÈME. Depuis quelque temps, vos deux cochons d'Inde se disputent violemment et se mordent alors qu'ils s'entendaient bien depuis plusieurs années.
CONSEIL. La plupart du temps, la seule solution consiste à castrer l'un des deux. Si cela ne suffit pas, faites castrer les deux.

> ÉLECTROCUTION

Pour éviter les électrocutions mortelles, veillez à ce que vos cochons d'Inde ne puissent accéder à aucun fil électrique.

> ALLERGIES

Si vous êtes allergique aux poils d'animaux, renseignez-vous auprès de votre médecin avant d'acheter un cochon d'Inde.

> RISQUE DE CONTAMINATION

Seules quelques maladies sont transmissibles à l'homme. Informez votre médecin si vous avez été en contact avec des animaux.

> MALADIES

Si votre animal est malade, adressez-vous immédiatement à un vétérinaire.

Pharmacie indispensable

CARNET DE SANTÉ
– à mettre à jour régulièrement
– y noter les coordonnées du vétérinaire et celles des urgences

Ces produits sont, pour la plupart, libres à la vente en pharmacie et/ou en animalerie (vitamines, ultra-levures, seringues...), voire en supermarché pour certains. L'anti-mycosique nécessite habituellement une prescription du vétérinaire.

– Ciseaux pointus (coupe-griffes) et pince à tiques
– Thermomètre
– Brosse (pour les poils longs)
– Coton-Tiges (pour désinfecter les zones difficiles)
– Gants jetables (pour éviter la contamination et être stérile)
– Vitamine C soluble
– Probiotiques ou ultra-levure ou eau de riz (pour combattre la diarrhée)

– Huile de paraffine (pour combattre la constipation)
– Charbon actif (pour les gaz intestinaux)
– Vinaigre de cidre (contre les infections urinaires)
– Crème cicatrisante (au calendula, par exemple)
– Compresses stériles (pour nettoyer les plaies) et sparadrap
– Solution antiseptique
– Anti-parasitaire (traitement et prévention)
– Anti-mycosique (contre les champignons) ou shampooing insectifuge
– Sérum physiologique (pour nettoyer les yeux)
– Deux (ou plusieurs) petites et grosses seringues sans aiguille (pour lui administrer les médicaments, les vitamines)
– Coussin chauffant (pour le maintenir au chaud après une opération)

N'oubliez pas de vérifier régulièrement la date de péremption des produits.

Carnet de santé de mon cochon d'Inde

DATE	OBSERVATIONS

DATE	OBSERVATIONS

Ressources utiles

Adresses

> **ÉCOLE NATIONALE VÉTÉRINAIRE**
7, av. du Général-de-Gaulle
94700 Maisons-Alfort
Tél. 01 43 96 71 00
Site Internet : www.vet-alfort.fr

> **SOCIÉTÉ PROTECTRICE DES ANIMAUX (SPA)**
39, bd Berthier
75017 Paris
Tél. : 01 43 80 40 66
Site Internet : www.spa.asso.fr

> **DISPENSAIRE DE LA SPA**
5, av. Stéphane-Mallarmé
75017 Paris
Tél. : 01 46 33 94 37

> **DISPENSAIRE DE LA FONDATION ASSISTANCE AUX ANIMAUX**
23, av. de la République
75011 Paris
Tél. : 01 43 55 76 57
Site Internet : www.assistanceauxanimaux.com

> **DISPENSAIRE VÉTÉRINAIRE**
23, av. de la République
75011 Paris
Tél. 01 40 21 96 14

Association

> **ANEC (ASSOCIATION NATIONALE DES ÉLEVEURS DE COBAYES ET AUTRES RONGEURS)**
7, rue de la Fontaine
49340 Trémentines
Site Internet : anec.fr

Sites Internet

> www.cobayesethamsters.com

> www.onyx-cavia.com

> www.auxcochonsdingues.com

> www.rongeurs.net

Index

A

abcès 66
abri 37
abyssinien 27
acariens 64
acclimatation 39, 40, 41, 42
accouplement 47, 50
achat 19, 22
activité 19, 21, 69
âge 22, 82
agouti argenté 26
agressivité 23
alimentation 53
allaitement 51
allergies 86
anatomie du cochon d'Inde 14
angle d'observation 33
angora 28
anus 25
apprentissage 70, 77
apprivoiser 42
arbre à nourriture 79

B

bâillement 12
bain thérapeutique 64
balançoire 73, 78
balcon 36, 38

biberon 34
bien-être 53
blessure 76
boîte en carton 79
bruit 31, 41

C

cabane 33, 34, 79
cage 22, 31, 32, 33
caisse à remue-ménage 80
caisse de transport 63
calme 65
carences nutritives 85
chaleurs 49
chute 76
cloisons mobiles 75
cochon d'Inde sauvage 11
cohabitation 44
comportement 12, 18, 24, 25
confiance 18, 41, 43, 44
congénères 21
contamination 63, 86
coprophagie 65
couinement 13
coup de chaleur 67, 76
coup de froid 65
couple de cochons d'Inde 16
couronné américain 26
couronné anglais 28

D

démarche 25
dentition 25
dents 14, 60
développement des petits 49
diarrhée 66
disputes 85
distractions 74

E

eau 57
écrasement 76
ectoparasites 64
électrocution 76, 86
embonpoint 57
empoisonnement 76
enclos 37
enfants 18
ennui 74
escapade 84
espace 21
espérance de vie 74, 80
exercice physique 62

F

femelles 16, 23
foin 54
fratries 23
friandises 41, 79

G

gale du cochon d'Inde 64, 66

gestation 47
griffes 60, 85
grignotage 57
grognement 13

H

hygiène 58, 60, 63

I

immobilité 12
infection bactérienne des voies respiratoires 67
intoxication alimentaire 67
intrus 39

J

jardin 36
jets d'urine 12
jeux 21, 71, 72

K

kystes sébacés 66

L

labyrinthe 78
lait de substitution 49
lampe à infrarouges 63
langue 14
lapins 16
litière 33, 63

M

maladies 62
mâles 16, 23
mallophages 64
malocclusion dentaire 67
mangeoires 34
médicaments 63
mémoire 70
menace 12
mise bas 47
mort 65
mycose 66

N

naissance 49
nettoyage de la cage et des accessoires 58
nez 15, 25, 60
nourriture 21
– complète 56
nouveau-nés 48-49, 50-51

O

odeur 41, 43
odorat 15
oreilles 15, 25, 60
orientation 71
orphelins 49
ouïe 15

P

parade nuptiale 47
paralysie 67

parasites 64
parc 33
– en plein air 36
– intérieur 37
parcours 72
– d'obstacles 79
– de friandises 80
partenaire d'entraînement 13
partenaires 17
peau 25
pelage 11, 14, 25, 59, 80
péristaltisme 54
péruvien 29
peur 40, 69
pharamacie indispensable 87
piaillement 13
pieds 14, 25
piétinement 12
pincement 76
plantes toxiques 54
pneumonie virale 67
pododermite 67
poids 57, 60, 74, 83, 84
poils 59
pommade 63
portée 47
problèmes circulatoires 74
promenades 74
propreté 58
puces 64
punition 77

R

râtelier à foin 34
râtelier-boule 35

reconnaissance de la voix 71
reconnaissance des formes 75
repos 19
reproduction 46
respect 18
rhume 76
rouan 29
rumba 12
rythme cardiaque 62
rythme quotidien 77

S

satin 27
sautillement 13
sécurité 39
sels minéraux 81
séparation 46
sexe 22
shelty 58
sifflement 13
sociabilité 13
socialisation 18
soins du corps 59
solitude 17
souffle court 74

stérilisation 23
stress 16, 63
surpoids 57
survie 46
système immunitaire 80

T

température 31
– du corps 62
tour de surveillance 78
transport 40
tubes de liège 17, 35
tumeur 66
tunnels 20, 73

V

vacances 80
végétarien (régime) 53
verdure 54
vie quotidienne 19
vieillesse 81
vitamines 55, 81
vue 15
yeux 15, 25, 60, 80

L'auteur

Immanuel Birmelin, docteur en biologie, travaille depuis plus de 25 ans dans la recherche sur le comportement des animaux domestiques, de zoo et de cirque. Il exerce également une activité de conseiller scientifique auprès des producteurs de films animaliers et d'expert en élevage d'animaux. Immanuel Birmelin est lui-même propriétaire de cochons d'Inde, de perruches ondulées et de chiens.

Le photographe

Oliver Giel s'est spécialisé dans les animaux et la nature ; il participe à des livres, des revues, des calendriers et des publicités avec sa compagne, Eva Scherer. Vous trouverez plus d'informations sur son studio à l'adresse
www.tierfotograf.com
Toutes les photos de ce livre sont de Oliver Giel, à l'exception de :

— *pages 26 (haut), 26 (bas, à gauche), 28 (milieu, à gauche) et 29 (milieu, à droite) :* **Ulrike Schanz**
— *page 83 :* **Marc Hamy**

Couverture : Getty images/GK Hart/Vikki Hart

Édition originale
Publiée en Allemagne sous le titre
Meerschweinchen
GRÄFE UND UNZER Verlag
Postfach 86 03 25
81630 München

© GRÄFE UND UNZER Verlag GmbH, 2007, Munich

L'éditeur remercie Marine Rivière pour son aide précieuse et
ses relectures attentives.

Édition française
© 2012, Hachette Livre (Hachette Pratique),
Paris

Direction : Catherine Saunier-Taulec
Édition : Anne Le Meur
Traduction : Mireille Touret
Relecture : Dorica Lucaci
Correction et réalisation intérieure :
Le Bureau Des Affaires Graphiques
Conception couverture :
Le Bureau Des Affaires Graphiques
Fabrication : Amélie Latsch et Francis Verdelet
Dépôt légal : août 2012
23-01-8173-01-9
ISBN : 978-2-01-238173-5
Produit complet : Leo Paper (RPC)